ニュートリノって何?

続・宇宙はこう考えられている

青野由利 Aono Yuri

★──ちくまプリマー新書
250

プロローグ

岐阜県高山市といえば古い町並みで知られる山間《やまあい》の小都市です。高山祭りや飛騨《ひだ》を思い浮かべる人もいるでしょう。

ここで開かれる国際会議で、とても重要な研究発表があるらしい。そんな話が聞こえてきたのは1998年春のことでした。

会議の名前は「第18回ニュートリノ物理学と宇宙物理学国際会議（ニュートリノ98）」。1972年から2年に一度、素粒子ニュートリノの研究者が集って開いているもので、日本での開催は12年ぶり、2回目でした。日程は6月4日から9日、会場は高山市民文化会館です。

ニュートリノはこの宇宙を構成しているものの最小の単位、すなわち素粒子のひとつです。電荷を持たず、あらゆるものをすり抜けてしまう不思議な性質を持っていて、私たちの身体も1秒間に何兆個も通り抜けています。太陽でも生じているし、地球の周りの大気でも発生しています。恒星が一生の終わりに起こす超新星爆発の時にも飛び出します。1987年に約16万光年彼方《かなた》の超新星爆発によって放出されたニュートリノを「カミオカンデ」と呼ばれる地下装置でキャッチし、２００２年のノーベル賞を受賞したのは物理学者の小《こ》柴《しば》昌俊《まさとし》さんでした。

この年の国際会議にも小柴さんは参加していました。でも、おそらく、みんなの関心は別のところにあったはずです。世界の研究者も私たちメディアも注目していた最大のトピックは２日目、６月５日の朝の発表だったからです。

「大気ニュートリノ１」と題したセッションの３人目、壇上に登ったのは東京大学宇宙線研究所の助教授（現在所長）、梶田《かじた》隆章《たかあき》さんです。講演のタイトルは「スーパーカミオカンデとカミオカンデによる大気ニュートリノの観測」。

最初に示したスライド（当時はＯＨＰと呼ばれる手書きの透明シート）にもこのタイトルがありましたが、その下には赤い文字でこう書かれていました。

「Evidence for ν_μ oscillations（ミューニュートリノ振動の証拠）」

実は、梶田さんは、それまでにも「ニュートリノ振動」と呼ばれる現象について何回か学会で発表してきました。でも、「エビデンス（証拠）」という言葉を使ったのは、この時が初めてです。

素粒子実験の分野では、この「証拠」という言葉に大きな意味があります。研究者は、この言葉をそう簡単に使うことができません。

なぜなら、素粒子は直接観測する事ができないうえ、ほかの反応と取り違える心配もあるので、大量の観測を重ね「間違いない」と思うまで、「エビデンス（証拠）」という言葉は使えない決まりになっているのです。

「発見した」と思っても、さらに観測を重ねると「幻だった」となることもありうるからです。

ちなみに、素粒子実験にたずさわる人々の常識では、99・9％確かでも（つまり間違っている可能性が0・1％でも）「発見」ということはできず、「兆候」といいます。「発見」と言えるのは99・9999％と、9が6つ並んだ時ということになっているのです。

この確からしさを表すのに、研究者の方々は「σ（シグマ）」という値を使います。テストの偏差値で使われる標準偏差のことで、「兆候」といえるのは3σ以上、「発見」といえるのは5σ以上です。

この話を聞いて、ヒッグス粒子の発見を思い出した人がいるかもしれません。２０１２年

7月にヒッグス粒子が「発見」された時も、このσが問題になりました。前年の12月のセミナーでは3σに満たなかったために「兆候」ということもできず、空振りに終わりました。その後、データをさらに積み上げた結果5σになり、7月には「もう間違いないだろう」となったのです。

高山での発表のとき、梶田さんが「証拠」という言葉を使ったのは、データを積み重ね、もう間違いないというところまできたからです。13枚目のＯＨＰには、「6・2σ‼」という数値が赤い文字で書かれていました。つまり、間違う確率はほとんどなく、確実だ、ということです。

30枚近いＯＨＰを使って発表を終えた時、世界から集まった約３５０人の研究者の間から拍手が巻き起こり、いつまでも鳴り止みませんでした。科学者が行う学会発表で、そんなことはめったにあるものではありません。物理学の研究者たちにとって、いかに重要な発表だったかということが伝わってきます。

高山の国際会議には、２００８年のノーベル物理学賞を受賞した天才理論物理学者、南部陽一郎先生もシカゴからやってきていました。小柴さんと夕ご飯を食べながら、「よかったねえ」と言い合ったそうです。

こんなお話をすると、まるで、私自身がその場にいたようですが、白状すれば、私はその時、東京にいました。高山での発表にかけつけるチャンスがなく、東京で世紀の発表を今や遅しと待っていたのです。

ただし、その直後に、梶田さんの世紀の発表をもう一度聞くチャンスがありました。東京八王子市にある都立大学（当時）で開かれた国際シンポジウム「ニュートリノ物理学の新しい時代」で、再び梶田さんが成果を発表したのです。その予定を知って、都立大にかけつけました。高山には行かれなかったけれど、物理学の理論を変える大発見について、ぜひ、直接聞きたかったからです。

梶田さんの発表が終わると、この時も大きな拍手がわきました。ゆくゆくはノーベル賞だと確信したのはこの時です。

ただ、研究者が拍手をしたからといって、普通の人が「それは重要だ！」と納得するはずはありません。これだけでは皆目検討がつかない、というのが普通でしょう。詳しい中身は、おいおい話していくことにして、簡単にいえばこういうことです。

この宇宙を構成する物質の成り立ちや、力の作用などを記述する基本的な理論があります。

素粒子の「標準理論」と呼ばれる理論で、1970〜80年代にほぼ完成しました。物理学者たちが何年もかかって築き上げてきたものですが、理論は頭の中で考える「予言」のようなものですから、観測や実験によって本当に正しいかどうかを確かめなくてはなりません。

標準理論のすばらしいところは、さまざまな観測や実験結果とほぼぴったり一致してきたことです。ただし、梶田さんが発表した「ニュートリノ振動」が確認されるまでは。

なぜかといえば、標準理論は、ニュートリノは「質量ゼロ」の素粒子という前提で組み立てられてきたからです。

そこへ登場したのがニュートリノ振動です。この現象は、簡単に言えば、標準理論で3種類あると考えられているニュートリノが、長距離を飛行する間に互いの間で「変身する」という考えです。そして、ニュートリノ振動が起きるということは、すなわち「ニュートリノには質量がある」ということを示すものだったのです。

逆に言えば、標準理論が示すようにニュートリノの質量がゼロならば（もしくは、3種類のニュートリノの質量が等しければ）、ニュートリノ振動という現象が起きるはずはないのです。

つまり、完璧と思われてきた標準理論のほころびを示す現象、それが「ニュートリノ振動」だったのです。

この98年の発表が２０１５年のノーベル物理学賞につながりました。ノーベル賞授賞者を選考するスウェーデン王立科学アカデミーの解説文の中にも、「１９９８年のニュートリノ国際会議でタカアキ・カジタが大気ニュートリノが消失しているというデータを示し、さらに２００１〜02年にアーサー・マクドナルドのチームが太陽ニュートリノの変身を示し、初めてニュートリノ振動の証拠が得られた」というくだりが出てきます。

梶田さんは受賞決定後に東京大学の山上《さんじょう》会議所で開かれた記者会見の後のインタビューで、１９９８年当時の満場の拍手を振り返ってこう話していました。

「それまで10年間、批判的な目で見られてきたので、まだいろいろ質問や疑問が出てくるかと思っていました。もうこれはニュートリノ振動だねと、会場全体が受け入れてくれたので、驚きました」

実は、この発見のきっかけに梶田さんが気づいたのは１９８６年。それから10年間は、みんなに納得してもらえなかったというのです。

「最初はみんな信じてくれなかった」

これまで、優れた業績を上げた世界の科学者から、いったい何回、この同じ言葉を聞いたことでしょうか。梶田さんだけではありません。これからお話しするニュートリノの謎解きの物語には、最初はみんなに信じてもらえなかった人々が何人も登場します。

ほかの人たちがなんといおうと、自分の信じる道を突き詰めることがいかに大切か。そんな思いを新たにしながら、ニュートリノの物語を始めたいと思います。

目次 * Contents

イラスト　藤本良平

第1章　ニュートリノの歴史

★エネルギーが消えた？

ニュートリノの歴史を語るには、まず古代ギリシアまで遡《さかのぼ》る必要があります。いったい、この世の物質は何でできているのか。古代ギリシアにはこの根源的な問いに挑んだ人たちが何人もいました。その中で、現代につながる鋭い洞察を示したのが紀元前5世紀の哲学者デモクリトスです。

「笑う哲学者」の異名もある陽気なデモクリトスは、「万物を分解していくと、それ以上は分割できない一種類の粒子になる。この粒子が空間の中でくっついたり離れたりすることで、万物が生成したり消滅したりする」という説を唱えました。

この考えは、長い間フィクションだと思われていましたが、どうやら正しかったことがわかってきたのは19世紀末のことです。

物質は水や酸素といった元素でできていることがわかり、元素は原子でできていることがわかり、原子は電子と原子核でできていることがわかりました。さらに原子核は陽子と中性子でできていることがわかりました。

ニュートリノ発見のきっかけが登場したのもこのころです。今から100年以上前の1914年のこと、原子核の「ベータ崩壊」と呼ばれる現象の研究をしていた英国の物理学者ジェームズ・チャドウィックが、不思議なことに気づいたのです。

原子核の崩壊というのは、ある元素の原子核がアルファ線やベータ線、ガンマ線などと呼ばれる放射線を放出して、別の原子核に変わることです。以前は、電子をベータ線と呼んでいたので、電子を放出する原子核の崩壊をベータ崩壊と呼びます。この反応では原子核が電子を放出して原子番号がひとつ大きい原子核に変わります。

自然に原子核崩壊を起こして放射線を出す物質を放射性物質と呼びます。福島第一原発の事故で問題になったヨウ素131やセシウム137はベータ線を放出する放射性物質でした。放射性セシウムはベータ崩壊して電子を放出し（つまりベータ線を出して）、原子番号がひとつ大きいバリウムに変わります。

ちなみにアルファ線は「陽子2個＋中性子2個」でできたヘリウムの原子核、ガンマ線は波長の短い光です。

チャドウィックが気づいたのは、ベータ崩壊する原子核の崩壊前と崩壊後のエネルギーを比べると、なぜか足し算や引き算が合わないということでした。

元の原子核をA、変化した先の原子核をBとすれば、Aが電子を放出してBとなるのですから、おおざっぱに言えば、A→B＋電子となるはずです。別の言い方をすれば、Aが持つエネルギーと、Bと電子が持つエネルギーを足し合わせたものとは、等しくなるはずです（ここでいうエネルギーは、質量であったり、粒子の運動のエネルギーだったりします。質量はエネルギーに等しいことを示すアインシュタインの$E=mc^2$を思い出してください）。

ところが、実際にはAよりも、B＋電子のエネルギーの方が小さかったのです。いったい、足りないエネルギーはどこへ消えてしまったのでしょうか。そのままでは、まるで「エネルギー保存の法則」が成り立たないように見えてしまいます。

でも、物理学ではそんなことはありえません。この世界でエネルギーが「無」から生み出されることは決してありませんし、消えてなくなることもありません（そうでなければ、原発や火力発電の議論をする必要はなく、無から電力を生み出せばいいということになってしまいます）。

思いあまって、デンマークの物理学者ニールス・ボーアのように、「原子核ではエネルギー保存の法則が成り立っていないのではないか」と言い出す科学者さえいました。

ボーアといえば、量子力学の確立に大きく貢献したこの世界では知らない人のいない理論物理学者です。原子構造とその放射に関する研究で1922年のノーベル物理学賞も受賞しています。そんな人がエネルギー保存の法則を疑うくらいですから、難問だったのは確かでしょう。

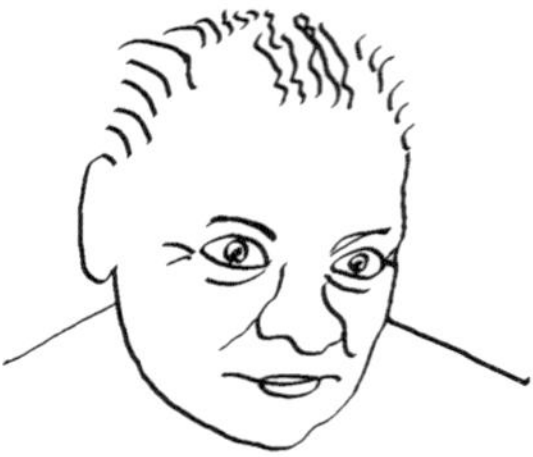
ウォルフガング・パウリ

★エネルギーを持ち逃げする粒子

いったい、なにが起きているのか。なんとか謎を解こうと取り組んだオーストリア生まれの物理学者ウォルフガング・パウリが、ひとつの仮説をひねり出しました。1930年12月4日、彼はドイツのチュービンゲンで開かれた学会に、研究者仲間にあてた手紙の形でそのアイデアを公表したのです（本人は地元の舞踏会に出席するため、欠席でした）。

「消えたように見えるエネルギーは、未知の粒子が持ち逃げしているのだ。その粒子は、電荷を持たない中性の粒子で、とても軽い」というアイデアです（詳しくはコラム「パウリの新粒子予言」で）。

パウリは、この粒子を「ニュートロン」と名付けました。でも、どうやらこのときは、そういう粒子の存在を本当に信じていたわけではなさそうです。当時、「検出不可能な粒子を提案してしまった」と自虐的に述べています。

話が横道にそれますが、このパウリという人は、実験がとてもヘタクソだったことで知られています。彼が触れたり、近づいたりしただけで実験が失敗し、装置が壊れるといわれ、こういう現象が「パウリ効果」と呼ばれるようになりました。実験物理学者でパウリの友人のノーベル賞受賞者オットー・シュテルンは、それを恐れてパウリを自分の実験室に入れなかったという話さえあるようですから、笑えます。ある日ゲッティンゲン大学で高価な装置が動かなくなり、あとで調べたところ、ちょうどそのころパウリが乗った列車がゲッティンゲン駅に停車していた、なんて話まであります。これを利用して、実験中のトラブルや失敗は「パウリのせい」ということにした人もいるようです。でも、パウリは優れた理論屋さんだったのですから、実験は下手《へた》でも問題はなかったはずです。パウリ自身、この「才能」を認識していて、それを楽しんでいたそうですから、まあ、ジョークだったのかもしれません。

こんなお話をすると、軽い人物だったと思われるかもしれませんが、あにはからんや。理論については完全主義者で知られ、仲間からも恐れられる一面もあったようです。

[コラム] パウリの新粒子予言

パウリが1930年12月4日にチュービンゲンの学術会議の参加者に宛てたニュートリノ（当時はニュートロンと呼んでいた）のアイデアを示す手紙はネット上で読むことができます。エッセンスはこんな感じです。

親愛なる放射性紳士淑女のみなさん

私はエネルギー保存の法則を救うため、原子核には電気的に中性な粒子が存在するという可能性を提案し、その粒子を「ニュートロン」と呼びたいと思います。

ベータ崩壊の際に、電子以外に「ニュートロン」が放出されると考えると、つじつまがあうはずです。

今のところ、私はこの考えを論文にするつもりはありません。まずはみなさんに、このような粒子を実験的に発見することが可能かどうか、おうかがいをたてる次第です。

これまで観測されていないことを思うと、私の提案はほとんど不可能だと思われますが、問題はあまりに深刻ですので、みなさんにしっかり議論することをお願いしたいと思います。

なお、残念ながら、私はチューリッヒでの舞踏会に出なければならず、チュービンゲンの会議にはうかがえません。

W・パウリ

調べてみるとパウリが所属していたチューリッヒ工科大学には本格的な舞踏会開催の歴史があって、毎年11月末に開催されてきたようです。大学関係者にとっては重要な舞踏会だったのかもしれません。

それはともかく、パウリが考えた素粒子に自ら命名する時の真剣味が足りなかったせいでしょうか、このニュートロンという名前は、1932年に別の粒子に奪われてしまいました。チャドウィックが発見した素粒子で、日本語で言うところの中性子です。

ただ、パウリの提案そのものは生きながらえました。1934年、イタリアの物理学者エンリコ・フェルミがベータ崩壊の新理論を立てたときに、パウリが提案した未知の素粒子をそこに組み入れ、「ニュートリノ」と名付けたのです。「中性の（ニュートラル）ちっちゃな（イノ）やつ」といった意味で、イノはイタリア語です。ベータ崩壊を粒子の言葉でいうと中性子が電子とニュートリノを放出して陽子になる反応です（図1－1）。

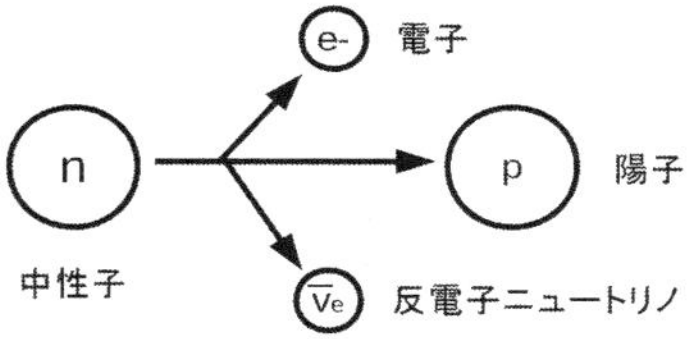

図1－1：ベータ崩壊

なんとか、再命名にはこぎ着けたわけですが、実際にこの素粒子が実在する粒子として発見されるまでには、それから20年以上の歳月を要しました。それを実現したのは、なんと、原子力発電にも使われる原子炉でした。

原子炉でエネルギーを生み出しているのはウランの核分裂です。中性子を吸収した放射性のウランが核分裂を起こし、別の原子核になる

フレッド・ライネス

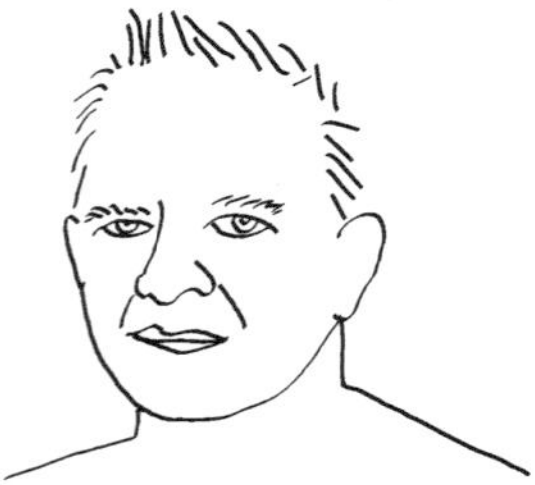
クライド・コーワン

と同時にエネルギーを放出します。原発はこのエネルギー（熱）で水を湧かして発電しているのです。

　ウランの核分裂で生じる原子核もさらに分裂していきます。この時に原子核の中の中性子のベータ崩壊が起き、ニュートリノが生じます。先ほど述べた「中性子→陽子＋電子＋ニュートリノ」という反応です。原子炉の中では大量の原子核分裂が起きるので、ニュートリノも大量に放出されます。原子炉が登場する前にはなかった、大量のニュートリノ放出源です。

　ニュートリノは電気的に中性で、他のものとほとんど反応せずにすり抜けていってしまう、とても小さな素粒子です。「幽霊粒子」と呼ばれるほどですから、そう簡単には捕まえられないわけですが、大量にあれば検出装置にひっかかる確率が増えると考えられたのです。

　1956年、アメリカの物理学者フレッド・ライネスとクライド・コーワンは、サウスカロライナ州のサバンナリバー原子炉の近くに検出器を据え、ニュートリノを検出することに成功しました（正確にいうと、原子炉から出てくるのはニュートリノの反粒子の反ニュートリノなのですが、粒子と反粒子の話はもう少し後で。ここではどちらもニュートリノと考えて下さい）。

カドミウムを溶かし込んだ400リットルの水を用意し、原子炉から出てきた反ニュートリノが水中で陽子と反応し、中性子と陽電子（電子の反粒子）ができたところを捕まえたのです。「反ニュートリノ＋陽子→中性子＋陽電子」という反応で、逆ベータ崩壊と呼ばれます（図1－2）。この反応では特徴のある光が発せられるので、それを検出器で捕らえてニュートリノの実在を証明したのです。ただ、最初にライネスが考えたニュートリノ放出源は原子爆弾で、これを実験のために爆発させる構想だったそうですから、ちょっと驚きです（その構想はライネスがノーベル賞受賞講演で図を示し紹介しています）。

1956年6月14日、ライネスとコーワンは、この結果をパウリに電報を打って伝えました。

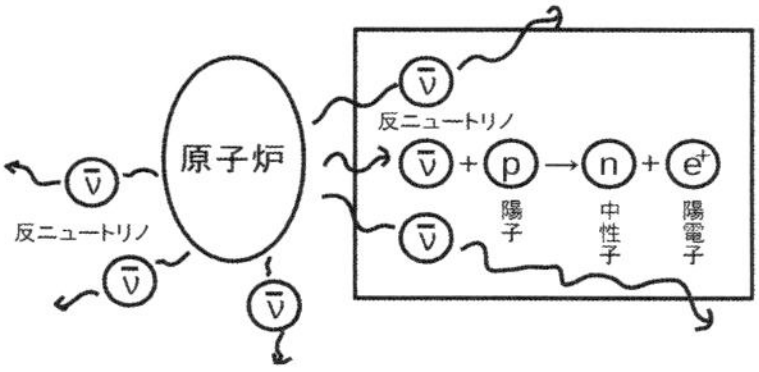

図1－2：原子炉ニュートリノの検出

「陽子の逆ベータ崩壊を観測することにより、核分裂によるニュートリノを検出したことを謹んでお知らせします」

予言した当時30歳だったパウリは56歳になっていました。その報告に「ほら、いった通りだろ」と思ったかどうかは知りませんが、こんな電報を打ち返しています。

「お知らせありがとう。待てば海路の日和《ひより》あり」

ライネスはこの発見により1995年にノーベル物理学賞を受賞しています。受賞講演のタイトルは「ニュートリノ：ポルターガイストから実在の粒子へ」というものでした。まさに、「幽霊粒子」が「実在粒子」になった瞬間だったのです。

理論に基づく「予言」と、観測や実験に基づく「発見」や「検証」。素粒子物理学は、そのサイクルを繰り返してきたといってもいいでしょう。

2013年のノーベル物理学賞を受賞したヒッグス粒子の理論を思い出してください。ヒッグス博士らがこの素粒子を「予言」したのは1964年。それがスイスのCERNの巨大加速器（LHC）で「発見」されたのは、半世紀を経た2012年でした。

なんとも気の長い話ですが、それだけに、「発見」の喜びはひとしおだったでしょう。発見とノーベル賞に、かなりの時間差があることはまれではありません。ちなみに、1950年代にニュートリノの存在を証明したライネスがノーベル物理学賞を受賞したのは約40年後の1995年。相棒のコーワンは亡くなった後でした（コラム「ノーベル賞の待ち時間」）。

改めて、ニュートリノとはどんなものなんでしょうか。

あるところで梶田さんはこんな表現をしていました。「電子から電荷を取りのぞき、重さをほとんど取ったもの」「弱い相互作用しかしない」。

つまり、性質は電子によく似ているけれど、電気的に中性で、重さが桁違いに軽い粒子で、ほかの物質とほとんど反応しない、ということです。

これまでニュートリノとひとくくりにしてきましたが、ニュートリノには種類があることが今ではわかっています。電子ニュートリノ、ミューニュートリノ、タウニュートリノの3種類です。

電子という名前はおなじみですが、ミューとかタウとか、聞き慣れない名前がついていま す。実は、3種類のニュートリノはそれぞれ、「電子、ミュー粒子、タウ粒子」という素粒

［コラム］ノーベル賞の待ち時間

以前に、「ノーベル賞受賞者は長生き」という記述を読んだ覚えがあります。その時に思ったのは「いやいや、長生きなのではなくて、長生きしなくてはもらえないだけでしょ」ということでした。

梶田《かじた》さんのノーベル賞受賞は1998年のニュートリノ振動の発見から17年。大村智《さとし》さんの場合は1981年に抗寄生虫薬の「イベルメクチン」が発売されてから34年。ニュートリノ発見のライネスさんも受賞まで40年かかっています。あとで紹介する「対称性の自発的破れ」の南部陽一郎さんは50年近く、益川《ますかわ》さん・小林さんの場合も35年、ヒッグス粒子も50年近くかかっています。

一方、iPS細胞の山中伸弥《しんや》さんの場合は2007年にヒトiPS細胞が作られてからノーベル賞受賞まで5年ですから短い方です。

2014年にイタリアとフィンランドのグループが発表した論文によると「ノーベル賞の待ち時間」はどんどん延びています。1940年以前は物理学賞で61％、化学賞で48％、生理医学学賞で45％が発見から10年以内に受賞していましたが、1985年以降を見ると、それぞれ15％、18％、9％となっていました。さらに20年以上たってからの受賞がそれぞれ60％、52％、49％に上りました。

このままだと今世紀末には候補者は受賞前に死んでしまう、と研究チームは分析しています。でも、うがった見方をすると、女性の方が長生きですから、女性により多くのチャンスが回ってくるということかもしれませんね。

子に対応しています。

それぞれの相棒は互いに性質が似ています。また、素粒子の反応では、電子と電子ニュートリノがいっしょに現れますし、ミュー粒子の反応ではミューニュートリノが、タウ粒子の反応ではタウニュートリノが現れます。

ちなみに、原子炉で作られるニュートリノは、「電子ニュートリノ」です（厳密にいうと反電子ニュートリノです）。

3種類のうち電子ニュートリノの次に発見されたのはミューニュートリノでした。1962年に米国のブルックヘブン国立研究所の加速器を使った実験で証明されました。シュタインバーガー、シュワルツ、レーダーマンの3人が、その成果で1988年のノーベル物理学賞を受賞しています。陽子加速器で陽子ビームを作り、これを標的にあてるとパイ中間子ができ、このパイ中間子がミュー粒子とミューニュートリノに崩壊する、という反応を観測したものでした。

余談ですが、このレーダーマンは陽気な物理学者で、あのヒッグス粒子に「神（GOD）の素粒子」という名前をつけたことで知ら

レオン・レーダーマン

れています。ただ、本当のところは、なかなかヒッグス粒子が見つからないので「くそったれの（Goddamn）粒子」と名付けようとしたのを止められた、という逸話があります。

シュタインバーガーさんには2013年に、ヒッグス粒子を発見したジュネーブのCERNをたずねた時にお目にかかりました。レーダーマンとは違い、もの静かな感じで、きっとても頑固なんだろうなと思わせる人物でした。90歳を超えて、まだ、ちゃんと研究室を持っていて、研究所に出勤なさっているのですからたいしたものです（調べていたら、なんと2012年に京都で開かれたニュートリノ国際会議に出席し、「ニュートリノ　私たちは何を学んだか」という講演をなさっていました）。

話を元に戻すと、タウ型のニュートリノはなかなか見つかりませんでした。それにはいくつか理由があります。まず、タウ型ニュートリノを検出するには、その相棒であるタウ粒子を検出する必要がありましたが、タウ粒子の寿命がものすごく短くて、検出しにくかったのです。それに加えて、タウ型のニュートリノを実験用に作り出すのが難しかったという理由もあります（タウ粒子自身は、1975年に米国スタンフォードの線形加速器で発見されています）。

2000年の7月、イリノイ州にあるアメリカの国立フェルミ加速器研究所が、とうとう「タウ型ニュートリノの直接的な証拠を見つけた」と発表しました。この実験は、「タウニュートリノの直接検出」の英語の頭文字をとって、「DONUT《ドーナッツ》」実験と呼ばれています。国際共同研究で日本も参加していました。

実は、この難しい検出の鍵《かぎ》を握っていたのが名古屋大学の「原子核乾板」でした。原子核乾板は素粒子を検出するための特殊な写真フィルムで、もともとは大がかりな装置のいらない古典的な技術です。これを名古屋大学が大事に育ててきたので、こういうところで功を奏したのです。

当時、フェルミ研究所が出したプレスリリースには、名古屋大学の貢献と日本側の代表を務めた丹羽《にわ》公雄さんのコメントがちゃんと盛り込まれています（図1－3）。

電子の仲間（電荷あり）	ニュートリノの仲間（電荷なし／すごく軽い）	
電子	電子ニュートリノ	1956年発見
ミュー粒子	ミューニュートリノ	1962年発見
タウ粒子	タウニュートリノ	2000年発見

図1－3：ペアを組む電子の仲間とニュートリノ

★ニュートリノの質量

こうして理論の予言通り、3種類が発見されたニュートリノですが、以前は質量があるのかないのかはっきりしていませんでした。標準理論が確立する1980年ごろには、「ニュートリノは質量がゼロ」と考えられるようになっていました。

なぜなら、そう考えると、さまざまなことがうまく説明できたからです。

そんないいかげんな、と言われそうですが、「そう考えると、この世界がうまく説明できる」というのが理論の理論たるゆえんです。素粒子の標準理論はそういう意味では非常に成功をおさめてきた理論です。それに、実際にニュートリノの質量がゼロと考えるとうまくいく現象が実際にあったのです。

さわりだけお話しすると、こんな感じです。

この世界に光の速度より速く飛ぶものはありません。光には質量がありません。もし、光速で飛ぶ素粒子があったら、その素粒子には質量がないはずです。逆に、質量があったら光速では飛べません。ニュートリノについては、光速で飛んでいると考えるとつじつまのあう現象があったのです。

ところが……。

ニュートリノ振動という現象が確認されたことで「ニュートリノには質量があった」ということがわかり、標準理論にほころびを生じさせたのです。いったい、どういう現象なのでしょうか。

ニュートリノには3種類あるというお話をしました。電子型、ミュー型、タウ型の3種類です。さきほども述べましたが、ニュートリノのイメージは、電子から電荷とほとんどの重さを取り除いたような粒子です（といわれても、なかなかイメージできませんが）。

元はといえば、素粒子の標準理論で存在が予言された仮想の粒子でしたが、これまで述べてきたように、すべて実在が証明されています。

そして、ニュートリノ振動というのは、ある種類のニュートリノが空間を飛行している間に、別の種類のニュートリノに「変身」し、また元に戻る現象のことです。

たとえば、電子ニュートリノが飛んでいる間にミューニュートリノになり、またしばらくすると電子ニュートリノに戻るという「変身」を繰り返すのです。別の言い方をすると、ニュートリノの型があっちへいったりこっちへ来たりと振動するのです（図1－4）。

もし、ニュートリノに質量がなかったら、もしくは3種類のニュートリノの間に質量の違いがなかったら（みんな同じ質量だったら）、こうした「変身」は起きません。質量があっ

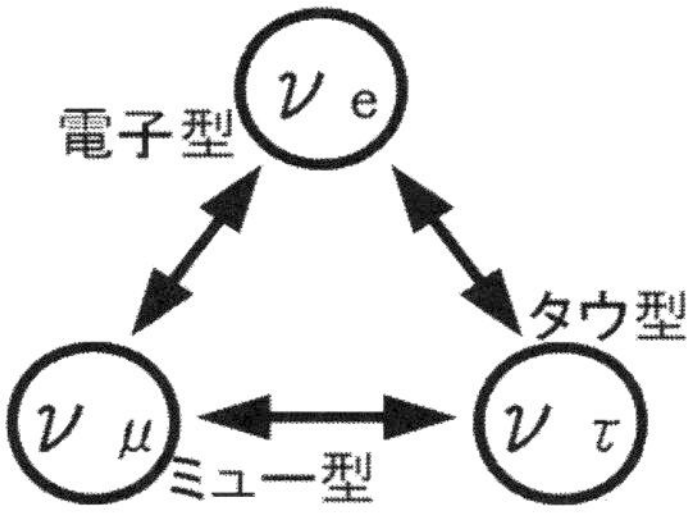

図1－4：ニュートリノ振動の模式図

て、種類によって質量に差があるからこそ、変身が起きます。

逆にいえば、振動が見つかれば、ニュートリノは質量を持っていなくてはならないのです。

★なぜ「振動＝質量がある」なのか

そんなこと言われたってなあ、と思う人がほとんどだと思います。

この現象を、もう少し詳しく知るためには、量子力学が必要になります。でも、あまり深入りするとわけがわからなくなるので、ここでは、ひとつだけエッセンスを取り上げます。

量子力学では、「素粒子は粒子であると同時に、波でもある」と考えるのです。

考えるだけではなく、実際にそういう性質を持っています。たとえば光ですが、普通は波だと思っている人がほとんどだと思います。紫外線と可視光と赤外線では波の波長が違います。

その一方で、光には粒子としての性質もあります。たとえば「光電効果」と呼ばれる現象があります。金属に光を当てると電子が飛び出す、という現象です。その時に、赤外線のように波長が長いと電子は飛び出さず、紫外線のように波長が短いと弱い光でも電子が飛び出します。

詳しい話は省きますが、この現象は「光には粒子としての性質もある」と考えると説明がつくのです。この考えを示したのは、あのアインシュタインです。素粒子の世界では光も粒子として扱われ、「フォトン（光子）」と呼ばれます。

前置きが長くなりましたが、ニュートリノも粒子であると同時に、波の性質も持っています。もし、ニュートリノに質量があれば、その質量に応じた波の性質を持ちます。しかも、量子力学の考えに従うと、3種類のニュートリノ「電子型、ミュー型、タウ型」は、それぞれ3種類の質量に応じた波が重ねあわさってできている、と考えられます。

それぞれ3種類の波の重ね具合が違うので、その重ね具合に応じて電子型とかミュー型とかタウ型として観測されると考えるのです。量子力学の考え方なのでわかりにくいのですが、とりあえずそういうものだと思って下さい。

では、質量のあるニュートリノが飛行するとどんなことが起きるか。ここでは、わかりやすくするために、電子型とミュー型の2種類で考えます。最初は「電子型」として観測されたニュートリノは、2つの異なる質量に応じた波の重ねあわせなので、飛んでいくうちに2つの波の間でずれが生じます（もし、2つの波がまったく同じなら、ずれは生じません）。

時々たとえ話に出てくるのは弦楽器の弦のうなりです。少しだけ音の高さが違う2つの弦を同時に鳴らした時に、ウワーン、ウワーンと「うなり」が生じるのを聞いたことがあると思います。調律に使う音叉《おんさ》やオーケストラの音あわせでも、うなりを聞いたことがあるのではないでしょうか。

これは、振動数の違う音波が重ね合わさることで、強め合ったり弱め合ったりした結果です。

これと同じように、最初は「電子型」として観測された波が飛行する間に、2種類の波が重なって強め合ったり弱め合ったりして「うなり」が生じます。結果的に、ある時に観測すると「ミュー型」に見え、また別の時に観測すると「電子型」に見える、ということが起きるのです。これが「振動」です（図1－5）。

ニュートリノ振動の原理については、のちほどもう少し詳しくお話しするとして、ここで、元にもどって考えてみてください。

もし、ニュートリノの質量がゼロだったり、3種類のニュートリノの質量が同じだったりしたら、重ねあわさっている波は同じ波長（同じ振動数）ということになり、うなりは生じません。

というわけで、裏返して考えれば、「うなり」が生じているということは、ニュートリノに質量がある、ということになるわけです。

実は、「なぜ、振動があるとニュートリノに質量があることになるのか」という疑問に答えるには、もうひとつ別の説明の仕方があります。

なんと、今度は相対性理論です。

相対性理論によれば、速いスピードで動くものはどんどん時間が遅くなり、光速に達すると時間が止まります。「宇宙飛行士が光速に近いスピードで旅して戻ってくると若返る」という話を聞いたことがあるかもしれませんが、それもこのためです。

一方、光速で移動できるのは質量のないものだけです。質量があると速度は遅くなります。体重が重くなると走るのが遅くなる、といったイメージです（もちろん、そうでない人もいるでしょうけど）。実際、光子は「質量ゼロ」の素粒子です。

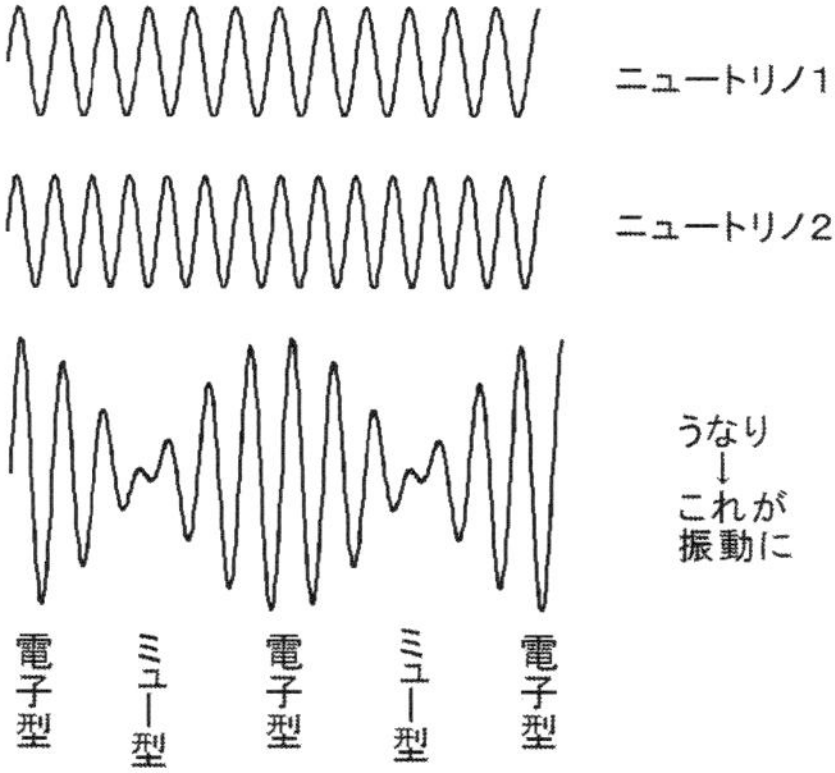

図1－5：ニュートリノ振動とうなりのイメージ

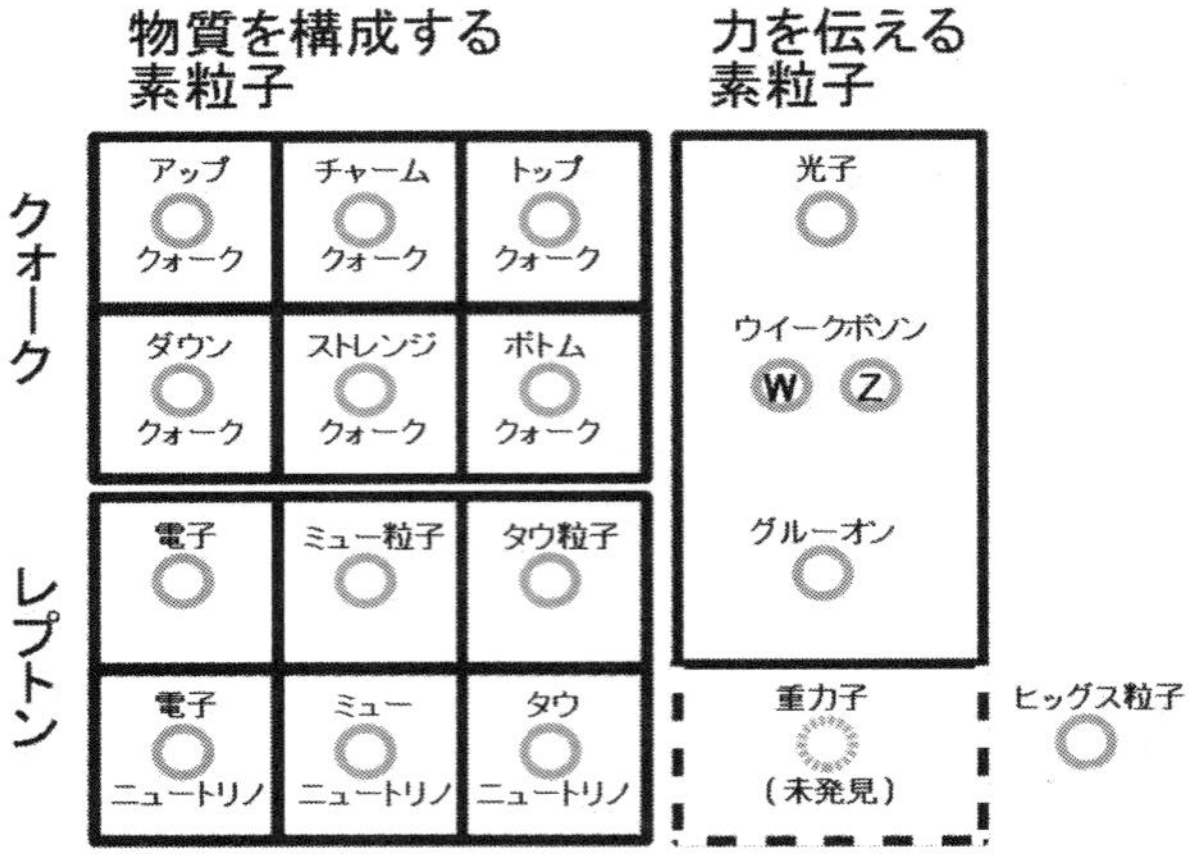

図1－6：標準理論と素粒子

そこでニュートリノ振動です。ニュートリノが時間を追って変身するということは、ニュートリノの時間は止まっていないということです。時間が止まっていないということは、光速には達していないということになります。「ニュートリノは変身する　↓　光速に達していない　↓　質量を持っている」という三段論法です。

量子力学で考えるか、相対性理論で考えるか。なかなか究極の選択ですが、なんとなくイメージを浮かべていただくことにして、話を先に進めます。

★標準理論

ニュートリノに質量があることがわかり、

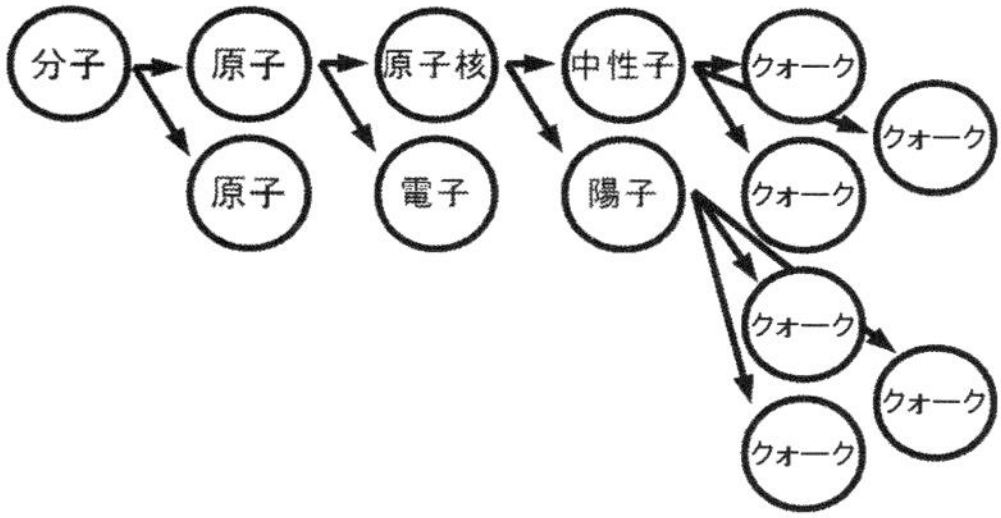

図1－7：物質を分けていくと…

素粒子の標準理論にはほころびが生じました。

では、素粒子の標準理論とはどういうものなのか。ここで全体像を説明しておくことにします（図1－6）。

私たちの身の回りにある物質を、細かく細かく分けていくと、分子になり、原子になります。水は水分子でできていて、水分子は水素原子と酸素原子でできているといった具合です。

昔は原子はこれ以上分けられない最小単位だと思われていましたが、やがて、原子核と電子に分けられることがわかり、さらに原子核は陽子と中性子に分けられることがわかりました。

当時はもうここまでかと思われましたが、そうはいきませんでした。陽子と中性子は、さらに基本的な素粒子クォークでできているはず、ということが理論的に提案され、実験でもちゃんと見つかりました。電子はもう、これ以上わけられ

ません し、クォークもこれ以上わけられないことがわかっています（図1‐7）。

一方、地球に降り注いでいる宇宙線の中に、さまざまな粒子が見つかるようになりました（宇宙線の詳しい話は第4章で）。加速器を使った実験でも別の粒子が見つかりました。

ここから、電子の仲間に「電子、ミュー粒子、タウ粒子」の3種類があることがわかりました。ミュー粒子は電子によく似ていますが、重さが200倍ぐらいあります。タウ粒子はさらに重い粒子です。

そして、この本の主役ニュートリノがあります。電子の仲間にそれぞれ対応する「電子ニュートリノ、ミューニュートリノ、タウニュートリノ」です。

対応するという意味は、素粒子が反応する時にペアになってあらわれる、という意味です。たとえば、先ほどでてきたベータ崩壊と呼ばれる反応では中性子が電子と電子ニュートリノ（正確には反電子ニュートリノ）を放出して陽子になります。

ここまでをまとめると、クォークの仲間が6種類、電子の仲間が3種類、ニュートリノの仲間が3種類となります。電子の仲間とニュートリノの仲間は、性質がそっくりで、どちらも軽いので、物理学者は両者をあわせて「レプトン」と呼びます。〈軽い粒子〉という意味合いです。クォークとレプトンをあわせた12種類の素粒子は、物質を構成する粒子で物理学者は「フェルミオン」と呼びますが、ここでは〈物質粒子〉と呼ぶことにします。

ただし、12種類の中で実際に身の回りの物質を構成しているのは、「アップクォーク、ダウンクォーク、電子」の3種類だけです。残る9種類は、宇宙線の中にあったり、加速器実験で作られたりします。

ミュー粒子やタウ粒子も身の回りの物質を構成しているわけではありませんが、ミュー粒子は地球に降り注ぐ宇宙線の中に含まれています。最近、これを利用して、火山の内部や、原子炉の内部を透視してみる「ミューオグラフィ」という観測方法が注目されています。エックス線で身体を透視してみるように、ミュー粒子で火山などを透視してみるのです。

過酷事故を起こした福島第一原発の原子炉の中がどうなっているのか。放射線が強すぎて人間が近づいて見ることはできませんから、このミューオグラフィの方法で観測されています。その結果、核燃料がメルトダウンを起こして、本当ならあるべき場所にないことも、わかってきました（コラム「ミュー粒子で透視する」）。

★4つの力

でも、物質があるだけでは、この宇宙は成り立ちません。物質に働く「力」が必要です。

[コラム] ミュー粒子で透視する

レントゲン写真はエックス線を使って身体を透視してみる方法です。エックス線の代わりにミュー粒子を使った透視法をミューオグラフィと呼びます。

エックス線は筋肉などは透過するのに、骨は透過しないので、骨を白く映し出すことができます。同じように、ミュー粒子は密度の高い物質や金属などを透過しにくい性質があるので、これを利用して、火山や原子炉など大きな構造物の内部を透視する試みが行われています。

ミュー粒子はいつも地球に降り注いでいるので、天然のレントゲン写真のようなもの。検出器を工夫することで、さまざまなものを透視できると考えられます。

ミューオグラフィの歴史は古く、1967年には米国の物理学者アルヴァレズがピラミッドの隠れ部屋の透視を試みています。最近では、長野・群馬の県境にある浅間山や北海道の昭和新山、福島第一原発の原子炉などに使われています。その結果、福島第一原発1号機や2号機では炉心の燃料が溶け落ちていることが改めて見えてきました。このようなミューオグラフィを使った原子炉の透視は、名古屋大学のグループや、高エネルギー加速器研究機構（KEK）のグループが行っています。

理論家の方々によれば、この宇宙に働く力は全部で4つだけ。「重力、電磁気力、強い力、弱い力」の4つです。

えっ、もっとたくさんあるんじゃないの？　と思う人は多いと思います。摩擦力だの、張力だの、他にもたくさん力はあるような気がします。でも、突き詰めるとそうした力も4つの力で説明できるのだそうです。

そして、素粒子物理の専門家によると、これら4つの力は〈力伝達粒子〉をやりとりすることで生じると考えられています。

どんな素粒子かという話に入る前に、4つの力の性質をざっと説明しておきます。「重力」は一番なじみの深い力だと思いますが、ここでおことわりしておかなくてはならないのは、現在の標準理論に「重力」は含まれていない、ということです。なぜかといえば、他の3つの力に比べて、けた違いに小さい力なので、とりあえず無視しておいても理論が成り立つからだそうです。

「電磁気力」もおなじみの力で、プラスとマイナスの電荷が引き合ったり、磁石が鉄をくっつけたりするのは、この力によります。

「強い力」と「弱い力」は普通の人にはなじみがないはずです。なぜなら、どちらも原子核や素粒子といったミクロの世界で働いている力だからです。

まず、「強い力」ですが、これは原子核の中で陽子や中性子を結びつけている力です。この力は、なぜプラスの電荷を持つ複数の陽子が原子核の中に収まっていられるのか、という疑問を出発点に見いだされました。電磁気力の効果を考えるなら、陽子同士は反発しあって離れていってしまうはずです。重力はこの電磁気力に逆らうには小さすぎます。ここから、電磁気力を超えて、陽子や中性子を構成しているクォーク同士を結びつける「強い力」があることがわかったのです。

次に「弱い力」です。実は、ニュートリノに一番関係が深いのは、この「弱い力」です。なぜなら、ニュートリノに働く力は3つの力のうち、「弱い力」だけで、「電磁気力」も「強い力」も働かないからです。

「弱い力」は、原子核のベータ崩壊の時に働く力とよく言われます。おさらいをすると、ベータ崩壊とは、原子核の中性子が電子とニュートリノを放出して陽子に変化する反応でした。たとえば、天然に存在するカリウムの放射性同位体がベータ崩壊すると、電子とニュートリノを放出してカルシウムになります。本章冒頭でもお話ししたように、ニュートリノの存在が考え出されたのは、このベータ崩壊が起きる時にエネルギー保存の法則が成立するようにしようと考えたからでした。

「弱い力」と呼ばれるだけに、「強い力」に比べるとある条件のもとでは10万分の1ぐらいの強さしかありません。

★力を伝える素粒子

4つの力には、それぞれ〈力を伝達する素粒子〉があります。

まず、電磁力ですが、これは電荷を持つ粒子が「光子（フォトン）」をキャッチボールすることで生じます。光子は、私たちがよく知っている光のことです。光は波じゃないの、と思う人もいると思いますが、先ほど光電効果でお話ししたように、波でもあり、素粒子でもあるというふうに、両方の性質を兼ね備えています。

重力波は「グラビトン」という伝達粒子をやりとりすることで生じます。でも、さきほども述べたように、標準理論では扱っていません。

強い力は「グルーオン」という伝達粒子をキャッチボールすることで生じます。グルーは英語で糊のことですから、「糊粒子《のりりゅうし》」といった感じです。

そして、弱い力は「ウィークボソン」と呼ばれる伝達粒子のキャッチボールで生じます。

ウィークボソンには、「W^+、Z^0、W^-」の3種類あります。

物質を構成する素粒子はみな、重力を感じると考えられていますが、残る3つの力を感じるか感じないかが違います。

クォークは、3つの力をすべて感じます。

電子の仲間は、強い力以外の2つの力を感じます。

ニュートリノの仲間は、弱い力だけを感じます。

ニュートリノは強い力も電磁力も感じないので、まわりの物質と反応せず、なんでもすり抜けてしまう、というわけです。

〈物質粒子〉と〈力伝達粒子〉がそろったところで、もうひとつ、忘れてはいけないのがヒッグス粒子です。スイスとフランスにまたがる地下の巨大加速器「LHC」で2012年に「発見」された粒子で、「宇宙誕生の直後に、物質に質量を与えた素粒子」などといわれます。

英国のピーター・ヒッグス博士が1964年に予言した素粒子なのでこう呼ばれていますが、実は、同じ時期に同じ予言をした理論屋さんは他に2人いて、ご存命のヒッグス博士とアングレール博士が2013年のノーベル物理学賞を受賞しています。

ヒッグス粒子の発見で、標準理論が予言した17種類の素粒子は、すべて発見されました。でも、これで終わりではありませんでした。ヒッグス粒子も、ニュートリノ同様、標準理論を超える物理の幕開けと考えられています。

★幽霊粒子

そこでニュートリノの話に戻ります。ニュートリノもまた、原子を構成しているわけではありません。宇宙を飛び回っている素粒子で、宇宙の始まりのビッグバンの時に、すでに誕生していたと考えられています。

それだけでなく、さまざまな場面で今も生成されています。たとえば、太陽より重い恒星が進化の最後に起こす超新星爆発、原子炉の中の反応、太陽の輝きを生み出している核融合、放射性物質のベータ崩壊、地球に降り注ぐ放射線（宇宙線）が大気中の窒素や酸素の原子核にぶつかると、結果としてニュートリノが生まれます。

それどころか、私たちの身体の中でもニュートリノが生じています。たとえばバナナやナッツ類などを食べると、その中にはカリウムがたくさん含まれていて、その一部は放射性カリウムです（自然界にある放射性物質で、人工的な放射能ではありません）。この放射性カリウムは、一定の時間ごとに電子や電子ニュートリノを放出して別の原子に変化します。70年前にチャドウィックが「エネルギーの保存則にあわない」と首をかしげた、あのベータ崩壊です。バナナなどを食べるまでもなく、私たちの体には放射性カリウムが含まれているので、身体の中で作られるニュートリノは、平均すると、1秒間に5000個にもなるそうです（図1－8）。

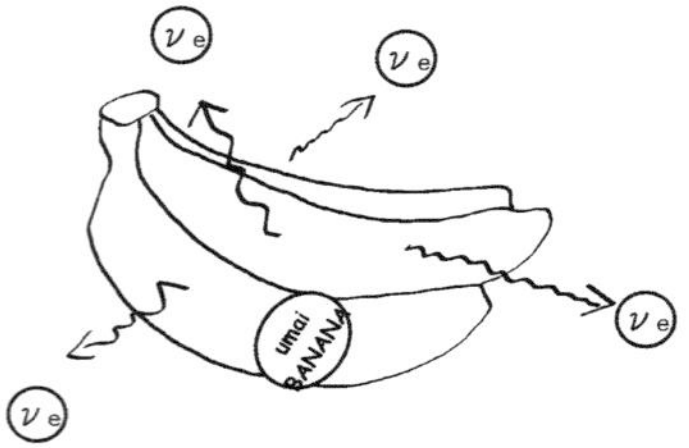

図1－8：バナナからもニュートリノが

ニュートリノは、宇宙に存在する素粒子の中では、光子（光も素粒子のひとつです）に次いで、2番目に多いそうですから、その存在自体はめずらしくもなんともない、ということになるのでしょう。むしろ、宇宙はニュートリノで満ちているといってもよさそうです。

ただし、ほかの素粒子とは違う変わった特徴があって、観測を難しくしています。光速に近いスピードで飛び回り、どんなものもすり抜けてしまうことです。私たちの身体も、1秒間に何兆個ものニュートリノが通り抜けていっています。

このように、ほかのものと反応せずにすりぬけてしまう性質を、この分野では「相互作用が弱い」といいます。相互作用しなければ、その存在を検出することもできません。「幽霊粒子」とか「ポルターガイスト」とか、呼ばれるゆえんです。

地球に降り注ぐニュートリノも大量にありますが、その大多数は太陽からやってくる「太陽ニュートリノ」です。その数は1平方センチメートル当たり毎秒660億個に上ります。これは、太陽を光らせている核融合で生じるニュートリノで、3種類の中の電子ニュートリノです。一方、大気で生じる大気ニュートリノは3種類の中の電子ニュートリノとミューニュートリノです。

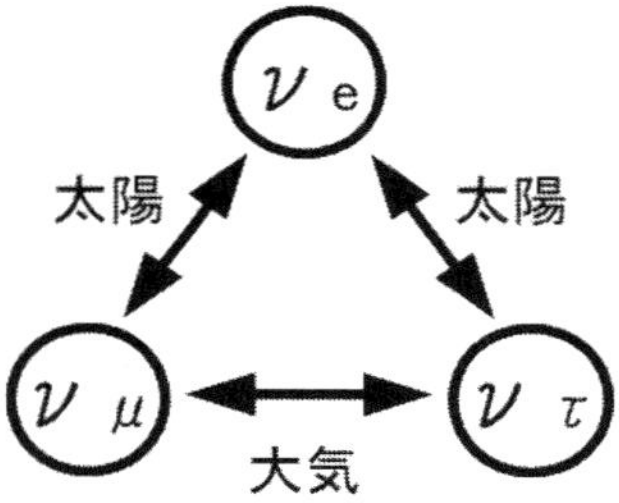

図1－9：太陽ニュートリノでは電子型→ミュー型、タウ型の変身を観測、大気ニュートリノではミュー型→タウ型の変身を観測した

梶田さんらが発見したのは大気で生じたミューニュートリノが飛行中にタウ型に変身する現象でした。マクドナルドさんらが発見したのは太陽で発生した電子ニュートリノが地球まで飛ぶ間にミュー型やタウ型に変身する現象です（図1－9）。

そして、2015年のノーベル物理学賞につながったニュートリノ振動発見の最初のきっかけは、この太陽ニュートリノがもたらした大きな「謎」でした。

「ニュートリノ研究の歴史」

1912年　ヘスが宇宙線を発見
1930年　パウリがニュートリノの存在を予言
1934年　フェルミがニュートリノと命名
1937年　宇宙線の中にミュー粒子発見
1939年　ベーテらによって太陽核融合の理論確立
1946年　ポンテコルボが塩素を使ったニュートリノ検出法を提案
1954年　デイビスが太陽ニュートリノ実験開始
1956年　ライネスとコーワンが電子ニュートリノを発見
1962年　加速器実験でミューニュートリノを発見
1962年　坂田、牧、中川がニュートリノ振動を提案
1964年　デイビスとバーコールが太陽ニュートリノの検出法を提案
1965年　インドと南アで大気ニュートリノ観測
1967年　デイビスがホームステイク実験開始
1968年　デイビスとバーコールが「太陽ニュートリノ不足」を発表
1975年　米国の加速器でタウ粒子発見
1983年　カミオカンデ観測開始
1987年　カミオカンデで超新星ニュートリノを検出
1988年　梶田さんらが大気ニュートリノ不足を発表
1989年　カミオカンデも太陽ニュートリノ不足を観測
1996年　スーパーカミオカンデ観測開始
1998年　梶田さんらが大気ニュートリノ振動を発見
1999年　カナダでSNO実験開始
2000年　ドーナッツ実験でタウニュートリノを発見
2001～2002年　SNO実験で太陽ニュートリノ振動を発見
2003年　カムランドが太陽ニュートリノ振動を確認

第2章　太陽ニュートリノの謎を解く

★40年ごしの論争

毎年、ノーベル賞の季節が近づくと、知り合いの研究者にこんなおたずねをします。「今年はどの分野がきそうでしょうか」とか、「あてずっぽうでいいので先生の予測は？」とか。もし相手が私たちの「受賞者山掛けリスト」にあがっている当人だったら、「今年はどんな雰囲気でしょう」とか「何か兆候はないでしょうか」などと聞いてみたりもします。

もちろん、誰も確実な情報を持っているわけではありません。蓋《ふた》をあけてみるまでわからないのがノーベル賞です。それでも、山を掛けたり、予測を聞いてみたりせずにはいられないのが、メディアの性《さが》というものなのです。

最近では積極的にノーベル賞予測をしてくれる研究者の方々もいて、私たちも助かります。日本科学未来館でも科学コミュニケーターの人たちがここ数年、積極的にノーベル賞予測をウェブに公表するようになりました。ご当地スウェーデンでもメディアが予測を出すので、これも参考にします。

ノーベル賞だけそんなに大騒ぎをするのはいかがなものか、という見方もあると思います（個人的には、確かに大騒ぎし過ぎだと思うことがあります）。ただ、こうした予測は、それぞれの分野の重要な成果を改めて学ぶことができるちょうどよい機会でもあり、それはそれで歓迎です。

２０１５年の発表直前、例によっておたずねしていた研究者の一人が、こんなお返事をメールで返してくれました。

「今年こそ、ニュートリノ振動で、梶田《かじた》さんとデイビス」

これを見て、頭に疑問符が浮かびました。梶田さんの名前が挙がるのは当然として、デイビスって？　太陽ニュートリノで知られるあのアメリカの物理学者、レイモンド・デイビスでしょうか？　でも、そのデイビスなら小柴昌俊《こしばまさとし》さんといっしょに２００２年のノーベル賞を受賞済みのはず。それより、なにより、すでにこの世を去っているはずです。

混乱した頭で返信すると、「そうでした！　うっかりしました」という答えが返ってきました。どうやら、反射的に返信をくださったようです。

でも、後から考えてみると、ニュートリノ振動の業績でデイビスの名前を思わず挙げてしまうのは、当然といえば、当然のことかもしれません。

ニュートリノ振動の実験的証拠につながったのは、「太陽ニュートリノの謎」と「大気ニュートリノの謎」です。太陽でできて地球に飛んでくる電子ニュートリノの数が予測より少ないという謎と、地球の大気中で生じる電子型、ミュー型のニュートリノのうちミュー型が予測より少ないという謎です。二つのうちでより古い歴史を刻んできたのは太陽ニュートリノの謎でした。

そしてこの謎を最初に発見し、提起し、ほとんどの人が謎の存在すら信じてくれない中、何十年にもわたって追究し続けたのは、レイモンド・デイビス、その人だからです。

レイモンド・デイビス

ジョン・バーコール

そしてもう一人、忘れてはならない人がいます。

アメリカの宇宙物理学者、ジョン・バーコールです。

バーコールがデイビスに出会ったのは1961年のことでした。デイビスが太陽理論の若手研究者であるバーコールに太陽ニュートリノの理論計算を依頼する手紙を書いたのがきっかけです。以来、40年の長きにわたり、デイビスが実験、バーコールが理論という異なる立場から、タッグを組んで、太陽ニュートリノの謎を追い続けたのです。

それだけではありません。共同研究者でありながら、二人が追い込まれたのは、「実験が正しければ理論が間違っている。理論が正しいのなら実験が間違っている」という厳しい状況でした。年の離れた親しい友人でもあった二人には、「相手の勝利が自分の敗北につながる」という、なんともせつない状況があったのです。

でも、結果的に、ニュートリノ振動が二人を救ってくれました。二人とも正しかったことをニュートリノの変身現象が証明してくれたのです。それには日本の地下実験装置カミオカンデとスーパーカミオカンデも重要な役割を果たしました。

1995年、スペインのトレドで開かれたデイビスの80歳の記念シンポジウムでバーコールはデイビスの業績を紹介しました。その時、バーコールは途中で感極まって言葉に詰まり、涙を流したそうです（小柴さんの直弟子の戸塚洋二さんがウェブ上の記事「戸塚洋二の科学入門」で紹介していました）。

太陽ニュートリノとともに歩んだ二人の歴史を知ると、バーコールの気持ちが胸に迫ります。

でも、話の先を急ぎすぎたようです。

まずは、我らが太陽はどのようにして輝いているのか、科学者はその謎にどう挑んできたのか。ニュートリノ研究につながる太陽研究の歴史から始めたいと思います。

★太陽はなぜ輝くのか

毎朝、東の空から昇り、夕方西の空に沈む。あまりに当たり前の話なので、なぜ太陽が輝いているのかを考えることは、一生のうちにそうはないはずです。

でも、後で述べるように太陽が自らエネルギーを発して輝いている恒星で、我らが地球や、火星、水星、木星、土星といった惑星とは異なる存在だということは、普段から感じていることかもしれません。

惑星や月が光って見えるのは、太陽の光を反射しているからです。地球も、ずっと遠くから見ると、太陽の光を反射して明るく光って見えます。

夜空に輝く星のほとんどは、太陽の仲間の恒星です。その中には、私たちの太陽系のように惑星を従えた恒星もあります。ただ、とても遠くにあるので、自ら光ることのない惑星は私たちの目には見えません。最近、はるか彼方《かなた》の太陽系外の惑星がたくさん発見されていますが、直接見たわけではありません。とても巧妙な方法で、存在を確認しています（コラム「太陽系外惑星」）。

太陽が惑星に比べるとはるかに大きいことはご存じの通りです。その質量は地球を含む太陽系全体の質量の99％を占めるといいますから、桁違いの存在ということがわかります。この太陽のエネルギーがなければ、私たち地球の生命も生きながらえることはできません。そう考えると、生命の源といってもいいかもしれません。

19世紀の天文学者、ジョン・ハーシェルは、こんなふうにいっていたそうです。

「太陽の光は地球上で起きているほとんどすべての営みの源である。その活動によって、無機物から植物が生まれ、それが動物や人間を支え、石炭も生み出した」

なぜ、太陽が光輝いているのか。その年齢はどれぐらいなのか。昔はまったくの謎でした。その謎がどのように解かれていったのか、幸いなことにバーコール自身が「ノーベル電子ミュージアム」に一般向けの解説を書いてくれています（How the Sun Shines June 29, 2000, the Nobel e-Museum）。さきほどのハーシェルの言葉もその中でバーコールが紹介しています。この解説を参考に、太陽の謎解きの歴史をたどってみることにします。

［コラム］太陽系外惑星

1995年、最初の太陽系外惑星を見つけたのはスイスの宇宙物理学者ミシェル・マイヨールさんです。この時まで、我らが太陽系が宇宙の中でユニークな存在なのか否かはわかっていませんでした。今ではなんと、確認されているだけで約2000個、候補までいれると5000個の惑星が見つかっています。

といっても、マイヨールさんが最初に発見した惑星はとても奇妙な惑星で、例によって「本当？」という目で見られました。地球から約50光年、ペガスス座51番星の周りを回っている惑星で、惑星の1年にあたる公転周期が4.2日と異常に短かったのです。

どうやって見つけたのかというと、ドップラー効果です。救急車が近づく時にサイレンの音が高くなり、遠ざかる時に低くなるのは音のドップラー効果です。同じように光も近づく時に波長が短くなり、遠ざかる時に波長が長くなります。

惑星そのものは小さすぎて観測できませんが、恒星が惑星の重力の影響でふらつきます。このふらつきをドップラー効果で捕らえたのです。なんとも巧妙な方法です。2015年の京都賞を受賞したマイヨールさんにお話をうかがった時には、「狙いを定めて見つけた。偶然じゃないよ」とおっしゃってました。

もうひとつの発見法はトランジット法です。地球から見て恒星の前を惑星が横切るとほんのちょっとだけ恒星が暗くなります。この減光を捕らえるのです。そんな微妙な違いがわかるとはびっくりですが、この方法はNASAの専用衛星「ケプラー」の得意技。そのおかげで次々と系外惑星が見つかっているのです。

★ダーウィン対ケルビン卿

19世紀、物理学者は重力こそが太陽エネルギーの源だと考えていました。太陽はその重力で収縮し、その時にエネルギーが解放されているという考えです。物理学者だけではありません。生物学者や地質学者も太陽のエネルギーや、そこから導かれる太陽の年齢に興味を抱いていました。

なぜここに生物学者や地質学者が出てくるのか、不思議な気がしますが、それは生物の進化や、地球の特徴的な地質が形成されるには長い時間が必要で、太陽の年齢もそれなりに長くないと困ったことになるからです。

1859年、進化論で知られるチャールズ・ダーウィンは有名な『種の起源』の初版で地球の年齢を概算していたというから驚きです。南イングランドに広がる大きな谷を形成するのに必要な時間からはじき出したのです。その答えは3億年程度となり、ダーウィンの理論である自然選択によってさまざまな生物の種が生み出されるには十分な時間でした。

でも、これに反対する勢力もありました。代表格は当時グラスゴー大学の教授だったウィリアム・トムソンです。トムソンは、熱力学の第二法則の確立や、絶対温度の提唱などで知

図2－1：ダーウィン対ケルビン卿の論争

られ、後に男爵の爵位を授けられケルビン卿《きょう》と呼ばれるようになった物理学界の巨人です（絶対温度の単位はケルビン卿にちなんで、ケルビン「K」で表されるくらいです）。そして、トムソンは重力を熱に転換することで太陽の輝き（光度）が生まれていると確信し、その寿命を3000万年と推定しました（図2－1）。

自分の考えに自信があったのでしょう。トムソンは「ダーウィンは間違っている」と攻撃しました。ダーウィンはこれに辟易《へきえき》したようです。『種の起源』の最終版からは、地球年齢の推定を削除してしまったそうです。

でも、今ではケルビン卿は間違っていたことがわかっています。太陽年齢は46億年と考えられるので、むしろ、ダーウィンの方が正しかったといってもいいでしょう。

それにしても、とてもかしこいはずのトムソンがなぜ間違ったのでしょうか。バーコールは、こんなたとえ話で説明しています。

友人がコンピュータを使っているのを見て、どれぐらい前から作業しているかを推定するとする。バッテリーが数時間しか持たないことだけを考えれば、答えは数時間となるだろう。でも、それは、コンピュータがコンセントにつながっていることを忘れているからだ。

つまり、トムソンは太陽にとってのコンセントがあることに思い至らなかったのです。今では、コンセントにあたるのが、核融合反応であることがわかっています。

ダーウィンとトムソンの対立からしばらくして、ひとつの転機が訪れました。1896年、フランスの物理学者アンリ・ベクレルがウランから放射線が出ていることを発見したのです。机の中にウラン鉱物を入れておいたところ、紙に包んで隣においてあった写真乾板が感光したことに気づいたのがきっかけでした。さらに、マリーとピエールのキュリー夫妻が、同じように放射線を出す物質として、ポロニウムとラジウムを発見します。

そこからにわかに浮上したのは、放射性物質が出す核エネルギーこそが太陽の放射の源なのではないか、という考えでした。

ところが、その可能性もまもなくしぼんでしまいます。太陽を構成している物質はほとんどが水素ガスで、放射性物質はほとんど含まれていないことがわかったのです。

★エディントンのひらめき

そこにアインシュタインの理論が登場します。1905年、アインシュタインは特殊相対性理論に基づいて質量とエネルギーの関係を示しました。あの有名な、「$E=mc^2$」です。この方程式が表しているのは、小さな質量から巨大なエネルギーが生み出されうるということです。

さらに、もうひとつ重要な発見がありました。1920年、英国の化学者フランシス・アストンがさまざまな原子の質量を精密に測定してみたら、原子番号1番の水素の原子核原子4つをあわせた質量よりも原子番号2番のヘリウムの原子核の方がわずかに軽いことがわかったのです。

この測定の重要性にただちに気づいたのが英国の天文学者アーサー・エディントンです。太陽のような恒星は、水素原子が4つ集まってヘリウムができる時に、その質量の差によって輝いているのではないか、と考えたので

アルベルト・アインシュタイン

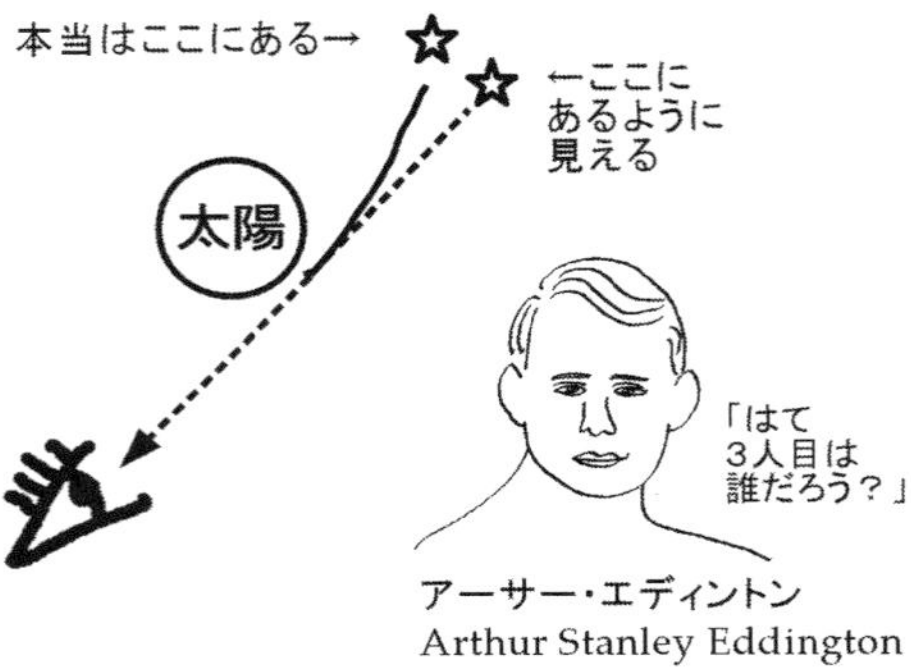

図2－2：エディントンの日食観測

す。

ちなみに、エディントンは1919年5月29日の皆既日食をアフリカで観測し、アインシュタインの一般相対性理論を裏付けたことでも知られています（コラム「エディントンと日食」、図2－2）。

エディントンは、ほとんど「正解」を言い当てたといってもいいでしょう。その洞察力に驚きますが、まだ難問が立ちはだかっていました。古典力学では、電荷が同じ粒子は反発しあうので、水素の原子核である陽子同士も反発しあい、融合できるほど近づけないと考えられたのです。

そこへ救いの手を差し伸べたのは量子力学による説明です。量子力学に基づけば陽子同士も近づくことができます。その方程式を1928年に立てたのはロシア生まれのアメリカの理論物理学者、ジョージ・ガモフです。天文学の分野では「宇宙は熱い火の玉で始まった」というビッグバ

[コラム] エディントンと日食

アインシュタインの一般相対性理論によると、質量の大きいもの(重いもの)があると、その周りの時間と空間がゆがみます。時空がゆがむなら、そこを通ってくる光は曲がるに違いない、と考えられます。

太陽は非常に重い天体ですから、その周りの時空はゆがみ、太陽の向こう側からやってくる光が曲がるはずです。このため、太陽の向こうにあって太陽の近くに見える星を地球から観測すると、その位置がちょっとずれて見えると考えられます。これを実際の観測で確かめたのがアーサー・エディントンです。

太陽が明るすぎて普段はすぐ近くの星は見えないので、皆既日食をねらって観測隊を派遣することにしました。チャンスが訪れたのは1919年5月29日。皆既日食が見られるブラジルと西アフリカで、ちょうど太陽方向に見えるおうし座のヒアデス星団を観測し、写真を撮りました。その結果、確かに普段とはずれた位置に星々が写っていたのです。

今でこそ、有名な一般相対性理論ですが、当時はぜんぜん注目されていませんでした。それが、エディントンのこの観測によって一躍有名に。

これについては、もうひとつおもしろい逸話があります。エディントンは敬虔《けいけん》なクエーカー教徒で兵役を拒否。日食観測を条件に、兵役延期を認めてもらったということです。

この観測は、遠くの天体が二重に見えたり、変形して見えたりする「重力レンズ効果」の発見につながり、今では暗黒物質の観測や太陽系外惑星の探索にも使われています。

ジョージ・ガモフ

ハンス・ベーテ

ン宇宙論の提案者として知られるガモフですが、恒星の核融合の理論にも一役買っていたようです。

ガモフは『不思議宇宙のトムキンス』など、一般向けの啓蒙《けいもう》書をたくさん書いているので、ご存じの方もいるかもしれません。宇宙論の論文を研究仲間のアルファーといっしょに発表する時に、「著者の名前がα、β、γになると語呂がいいから」というだけの理由で、研究にはまったく関係がなかったBで始まる人の名前を勝手に入れてしまったという、お茶目な人物でもあります（γはガモフ自身です）。

１９３８年になると、ドイツの物理学者カール・フリードリヒ・フォン・ワイゼッカーが、ひとつの正解を公表しました。「ＣＮＯサイクル」と呼ばれる核融合の反応です。炭素（Ｃ）、窒素（Ｎ）、酸素（Ｏ）が関わる反応なのでそう名付けられています。

翌１９３９年には、弱冠33歳の理論物理学者ハンス・ベーテが「恒星のエネルギー生成についてと題した論文を発表します。このときベーテは、後に「ベーテのバイブル」と呼ばれる原子核物理の総説を書いたところで、すでに有名な物理学者だったようです。そして、論文「恒星のエネルギー生成について」では、「CNOサイクル」に加えて、「PPチェイン」と呼ばれる恒星の核融合反応についても記述しました。PPチェインは太陽と同じか、それ以下の質量の星の主な反応で、CNOサイクルはもっと重い星の反応です。

こうして、太陽がどのような核融合の仕組みで輝いているかの理論が、ベーテとワイゼッカーによって打ち立てられました。

これも余談ですが、このワイゼッカーは、東西ドイツが統一された時の初代大統領となったリヒャルト・フォン・ワイゼッカーのお兄さんです。また、ベーテは、ガモフが「語呂がいいからBの頭文字の人を入れよう」と、論文に勝手に名前を入れてしまった当人です。

その後も、ベーテらが確立した核融合の理論に基づいてさまざまな太陽のモデル（理論）が提案されました。太陽の内部がどのような構造で、どのような反応が起きているかを示す理論は「標準太陽モデル（SSM）」と呼ばれるようになりました。そして、最良の「標準太陽モデル」を考え続けたのがデイビスの相棒だったバーコールです。

標準太陽モデルはいったん作ったら終わりではなく、徐々によりよい理論へと進化していきます。

では、こうした太陽の核融合の理論は本当に正しいのか。それを確かめるには観測が欠かせません。

そこで表舞台に登場するのが、お待ちかね、太陽ニュートリノです。

★太陽の核融合とニュートリノ

ベーテらによって太陽の核融合の理論が立てられた時、この反応からニュートリノが生じると考えられました。

水素（H）の原子核が4つ融合してヘリウム（He）の原子核になる時に2つの陽電子（e^+）と2つのニュートリノ（ν）とエネルギーを放出する反応です。

$$4H \rightarrow He + 2e^+ + 2\nu + \text{エネルギー}$$

ここで、陽電子というのは、電子の反粒子です。

反粒子は、この後も何回か出てきますが、ここではとりあえず、電荷だけがさかさまで、あとの性質は元の粒子とまったく同じ性質の粒子だと思ってください。反粒子でできた物質が反物質です。陽電子は電子とそっくりなのに、電荷だけが違います。電子はマイナスの電荷を持つのに、陽電子はプラスの電荷を持ちます。

電子以外の粒子にも、反粒子が存在します。陽子の反粒子は反陽子、陽子を構成するクォークの反粒子は反クォークといった感じです。

粒子と反粒子には、互いに出合うと消滅してしまうという性質があります。これを「対消滅」と呼びます（コラム「粒子と反粒子」）。

話を元に戻すと、太陽の中で起きている核融合には複数の反応があるのですが、全体を総合すると水素からヘリウムと陽電子とニュートリノとエネルギーが生じます。電子と電子ニュートリノはペアを成すという話を思い出してください。太陽から出てくるのは、電子ニュートリノです（ニュートリノは3種類あって振動する、という話をしたので、混乱するかもしれませんが、ニュートリノが反応する時、またそれを観測する時には、3種類のうちのひとつの型として反応したり観測にかかったりします）。

もうちょっと細かく見ると、水素の原子核は陽子（p）1つです。ヘリウム（He）は陽子2つと中性子（n）2つです。ニュートリノは陽子が中性子に変わる反応から出てくると考えられます（ベータ崩壊は、中性子が陽子に変わり、同時にニュートリノが出てくる反応でした）。

［コラム］粒子と反粒子

1920年代、量子力学とアインシュタインの相対性理論を合体させて素粒子の振る舞いを記述しようと考えた科学者がいました。英国のポール・ディラックです。

ディラックが書いた方程式は、素粒子の性質をうまく表すことができたのですが、これを解いてみると、なぜかマイナスの電荷を持つ普通の電子だけでなく、質量が電子と同じで電荷がプラスの粒子の存在が示されました。

そんな粒子が本当にあるのか、懐疑的だった人も多かったでしょう。

ディラックの予言通りの粒子を最初に発見したのは米国のカール・アンダーソンです。電荷がプラスなので「陽電子」と名付けられました。さらに、電子だけではなく、他の粒子にも電荷だけが逆さまの粒子があることがわかりました。陽子の反粒子は反陽子、クォークの反粒子は反クォークといったぐあいです。

反粒子は粒子と出会うと光を出して消滅してしまう性質があります。これを「対消滅」と呼びます。逆に粒子と反粒子が同時にできる現象を「対生成」と呼びます。

ニュートリノには電荷はありませんが、やはり反ニュートリノが存在すると考えられています（ニュートリノと反ニュートリノのお話は、第5章で）。

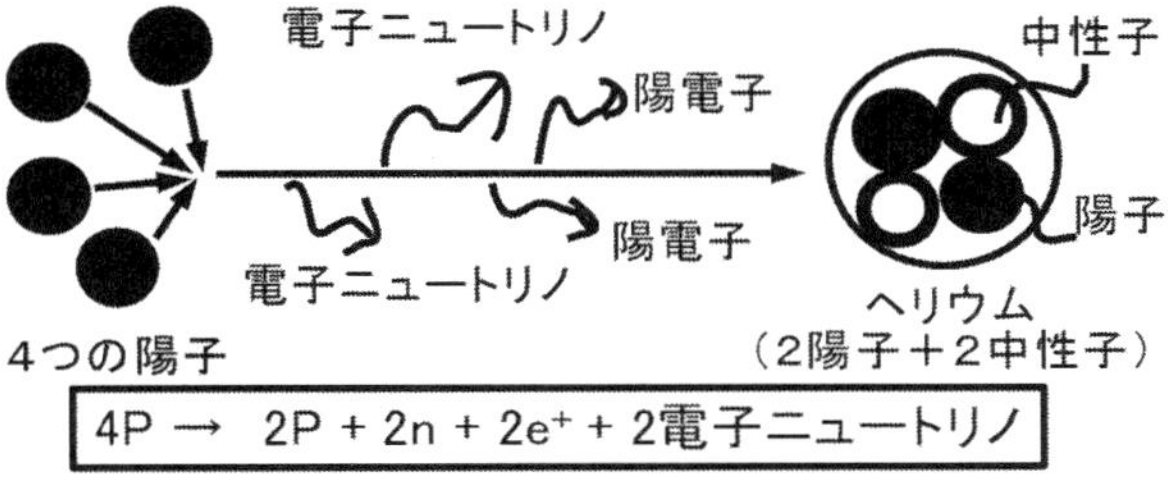

図2－3：太陽の核融合の模式図

さきほどの反応を言い換えると、「図2－3」のようになります。

このように太陽の核融合反応で放出される電子ニュートリノを、物理学者は「太陽ニュートリノ」と呼びます。3種類あるニュートリノの種類ではなくて、太陽で生成されたニュートリノという意味です。

同じように、宇宙線が地球の周りの大気と衝突してできるニュートリノは「大気ニュートリノ」、超新星爆発によって生じるのは「超新星ニュートリノ」、地球の内部で生じるのは「地球ニュートリノ」などと呼ばれます（図2－4）。

核融合反応によって太陽の中心部で作られたニュートリノは2秒で太陽表面に到達し、その後約8分間で地球まで飛んできます。その量は半端ではなく、親指の爪ぐらいの面積を毎秒660億個もの太陽ニュートリノが通過していると言われます。

発生源	種類
太陽ニュートリノ	電子
大気ニュートリノ	ミュー、電子
超新星ニュートリノ	電子、ミュー、タウ
地球ニュートリノ	電子
原子炉ニュートリノ	電子
加速器ニュートリノ	ミュー

図2－4：発生源に応じたニュートリノの種類

一方、太陽中心の光は太陽表面に出てくるまでには数十万年もかかるのだそうです。えっ、そんなに？　という気がしますが、光はニュートリノのように物質をすり抜けられず、あちこちぶつかりながらでてくるためです。

いずれにしても、太陽の内部をリアルタイムで見ようと思ったら、普通の光を見ていてもだめで（10万年の間に中心部の情報が失われてしまうので）、ニュートリノを見ればわかる、ということになります。

ただし、それは口で言うほど簡単なことではありません。

大量に地球に降り注ぐニュートリノですが、ほとんどが地球をすり抜けていきます。まるで、地球が透明な球であるかのようです。私たちの身体も毎秒数兆個のニュートリノが通り抜けていますが、人体を作っている物質の原子とニュートリノが反応するのは70年に1回程度、つまり、一生に一度、ということになります。

もちろん、その程度でニュートリノが身体に悪さをするわけではありません。

そんな「幽霊粒子」は、どうすれば捕らえられるのか。これに挑んだのが、デイビスです。ここからは、デイビスが2002年にノーベル賞を受賞した時の受賞講演を参考に話を進めます。

★デイビスの挑戦

1942年に米国エール大学で物理化学の博士号を取得したデイビスは、戦後、ブルックヘブン国立研究所に職を得ます。核科学の平和利用を進めるために作られた研究所で、その化学部門に配属されたデイビスは、最初の日に部門長にこう言われます。「図書館に行って、なにかおもしろそうな仕事を探してきてください」。

こんなことを言われたら、「いったい、どういう職場なんだ！」と疑問を感じそうですが、デイビスはラッキーとばかりに文献を探しに行き、ニュートリノについて書かれた総説論文に引きつけられます。挑戦しがいがある分野で、しかも専門の物理化学とも接点がありそうでした。

この論文に刺激を受け、1951年から始めたのが、塩素を使ってニュートリノを捕らえる実験でした。

この方法は、イタリア人の物理学者ブルーノ・ポンテコルボが1946年に示していた方法です。「ニュートリノが塩素の原子核と反応し、放射性のアルゴンの原子核と電子に変わる反応をとらえればニュートリノが検出できる」という提案です。

この方法で、原子炉ニュートリノと太陽ニュートリノが検出できるとも指摘していました。でも、それまでは誰も実際には試してみたことがありませんでした（ちなみに、このポンテコルボは、映画監督で「アルジェの闘い」などの作品があるジロ・ポンテコルボの弟だそうです。また、彼は非常に優れた物理学者で、西側諸国で次々と業績をあげていましたが、ある時突然、旧ソ連に渡ってしまうのです。このため、スパイの疑いをかけられるという逸話も残っています）。

デイビスはまず、ブルックヘブンの研究用原子炉で検出を試みますが、うまくいきません。1954年にはサウスカロライナ州のサバンナリバー原子炉の地下に検出装置を置いて実験を続けますが、これもうまくいきません。

そうこうしているうちに、1956年、第1章で述べたようにライネスとコーワンがサバンナリバー原子炉を利用してニュートリノの検出に成功しました。実は、原子炉から出てくるニュートリノは「反ニュートリノ」で、反ニュートリノはポンテコルボの方法ではうまく捕らえられなかったのです。ただ、そのおかげで「ニュートリノと反ニュートリノが別ものであることはわかった」とデイビスは振り返っています。

では、太陽ニュートリノはポンテコルボの方法で捕らえられるのかどうか。最初は捕らえられるニュートリノの量が少なすぎて無理だと思われていましたが、1958年に朗報がやってきます。ニュートリノを放出する太陽の核融合反応の一つが、それまで考えられていたより、ずっと高い確率で起きることがわかったのです。

ところが、これでもまだ、当時の検出装置では捕らえることができません。

★バーコールの登場

思いあまったデイビスは1961年、天体物理学の若手理論家であるジョン・バーコールに手紙を書きます。

太陽の核融合にはニュートリノが出てくる主な反応が4つあります。そのうち、ポンテコルボの方法で検出できる反応について「どれぐらいの割合で起きるかを正確に計算してほしい」と依頼したのです。

もし、この反応があまり起きないとすれば、どんなに大きな検出装置を作っても、太陽ニュートリノを捕らえることはできないでしょう。実験的に検出できるかどうかは、太陽内部のどの反応が、どれぐらいニュートリノを作り出すかにかかっていました。そして、運は彼らに味方したのです。

3年後の1964年、デイビスとバーコールは二人並べて論文を書き、「10万ガロン（37万8000リットル）のドライクリーニング溶剤を使えば太陽ニュートリノをキャッチできる」と提案しました。ドライクリーニング溶剤はテトラクロロエチレンと呼ばれる液体で塩素が入っています（クロロが塩素です）。太陽からやってくる電子ニュートリノが塩素の原子核と衝突すると放射性アルゴンができるので、これを検出するのです。

二人は、さらに「ニュートリノを使って、太陽の内部を見ることで、太陽の輝きのもとが本当に水素の核融合反応によるものであるかどうかを示せる」と主張しました。デイビスが49歳、バーコールが29歳の時のことでした。

★ホームステイク実験

この提案は、実行に移されました。米国のサウスダコタ州にあるホームステイク金鉱山の地下1500メートルのところに、615トンのドライクリーニング剤を入れた巨大な検出器を置き、太陽からやってくるニュートリノを捕らえることになったのです。

もちろん、これだけの装置を作るには巨額の費用がかかります。それを実現するため、デイビスは一計を案じます。

当時のブルックヘブン国立研究所の所長は核物理学者で、「天体物理学者には正確な計算なんかできない」と考える人でした。そこでデイビスは「太陽モデルのことは忘れて、核物理のことだけを話してくれ。そうじゃないと予算がとれない」とバーコールを説得しました。バーコールは不満でしたが、それに従ったところ、デイビスの洞察は正しく、所長は予算をつけてくれました。喜び勇んだデイビスが実験場所として選んだのがホームステイク金鉱山でした。

デイビスがなぜ、鉱山の地下を選んだかといえば、地上だと宇宙線が「雑音」となって、偽の信号を捕らえてしまうからです。第4章で詳しくお話ししますが、太陽ニュートリノとは別に、地球の大気でできた宇宙線のミュー粒子や大気ニュートリノなどが地上に降り注いでいます。これらの粒子は偽信号を出すことがあるので、それをシャットアウトするために地下に装置を設置し、さらに雑音を減らすため装置を水槽に沈めました。

これまでもお話ししてきたように、ニュートリノはほかのものとほとんど反応しない素粒子です。ですから、雑音を避けて、ニュートリノにとって静かな環境で、反応を待つ必要があります。かすかな音を聞こうと思ったら、周囲がうるさいところではなく、静かなところにいかなくてはなりませんよね。それと同じことです。

ですから、日本の「カミオカンデ」「スーパーカミオカンデ」も、デイビスの「ホームステイク実験」も、梶田さんとノーベル賞を共同受賞したアーサー・マクドナルドさんらの「SNO実験」も、みんな、もぐらのように地下にもぐってニュートリノを待ち受けるのです。

★消えた太陽ニュートリノの謎

放射性アルゴンは平均すると2日に1個、検出器で生成しました。数ヵ月に1回、このアルゴンを取り出して分析するのです。液体の中からアルゴンを探し出すのは簡単な話ではありませんでした。「サハラ砂漠で一粒の砂を探すようなもの」（ノーベル賞の解説文）といわれたほどです。

デイビスは1967年から観測を始めましたが、すぐにおかしなことに気づきました。バーコールの理論計算に比べて、アルゴンの反応が少ないのです。

翌1968年、デイビスは「太陽からのニュートリノの探索」というタイトルで最初の論文を発表します。今回も隣にはバーコールの理論の論文が並んで掲載されました。

そこで述べられたのは、「観測される太陽ニュートリノの数は理論の予測に比べて3分の1しかない」という結果でした。

デイビスとバーコールはその後も実験と理論計算を続けましたが、このようなニュートリノ不足は変わりません。

残りの3分の2は、いったいどこに行ってしまったのでしょうか。

これが長年、研究者を悩ませ続けた「太陽ニュートリノ問題」、すなわち「消えた太陽ニュートリノの謎」の出発点でした。

いったい、どうしてそんな矛盾した結果が観測されるのか。さまざまな理由が考えられました。

ひとつは、デイビスの実験に間違いがある可能性。

ひとつは、バーコールの太陽の核融合モデルが間違っていて、ニュートリノの数の理論計算が誤っているという疑い。

そしてもうひとつは、もっと基本的な物理の理論が間違っているのではないかという疑いです。

当然のことながら、実験物理学の陣営は「実験結果が正しくて、天体物理学の理論計算の方が間違っているんだろう」と見ていましたし、天体物理学の陣営は「理論計算は正しくて、実験が間違っているんだろう」と見ていました。言ってみれば「デイビスが正しいか、バーコールが正しいか」という二者択一です。

デイビスは、自分の実験をさまざまな方法で詳しくチェックしましたが、間違いは見つかりませんでした。

では、バーコールの太陽のモデルはどうでしょうか。

★バーコールの太陽モデル

バーコールの経歴はいささか変わっています。高校生の時には科学のコースをとったことが一度もありませんでした。テニスでは州のチャンピオンになるほどの腕前で、科学のコースをとるくらいならテニスをしていたほうがいいという学生でした。

その後、テニスの奨学金でカリフォルニア大学バークレー校に入学します。ここでは哲学を専攻しますが、卒業するには科学の単位が必要でした。そこで物理学のコースをとったバーコールは、たちまち物理学に魅せられてしまいます。

1956年にバークレー校で物理学の学士号を取得、シカゴ大で修士号、ハーバード大で博士号という経歴を聞くと、なんともすごい方向転換で華麗な転身です。1962年からはカリフォルニア工科大学（カルテク）で研究を続けますが、ここでの最初の論文は太陽ニュートリノに関するものでした。

バーコールがデイビスの依頼に応えて太陽の内部で起きている反応の計算を繰り返していたのはこのころです。以来、バーコールは最良の「標準太陽モデル」をめざして、研究を続けていくことになります。

リチャード・ファインマン

1968年に太陽ニュートリノの観測と理論があわないという結果が出た後、カルテクである小さな会合が開かれました。出席したのは、リチャード・ファインマン、マレー・ゲルマン、ウィリー・ファウラーなど、この分野の人にとってはまさに「スター物理学者」たちです。

ファインマンは量子力学の業績で1965年に朝永振一郎さんらとともにノーベル物理学賞を受賞した人ですが、彼を有名にしたのは、教科書『ファインマン物理学』や、エッセイ集

『ご冗談でしょう、ファインマンさん』かもしれません。お茶目な天才科学者として、科学者の間でも一目おかれている人物です。ゲルマンは素粒子クォークの提唱者ですし、ファウラーは恒星進化の専門家で、太陽の核融合理論にも大きな貢献をした天体物理学者です。

デイビスとバーコールは彼らの前で実験と理論の結果を発表しました。若い理論物理学者のバーコールは、おそらく、実験と理論の不一致に気落ちしていたのでしょう。自分の計算が間違っているかもしれないという不安もあったに違いありません。

会合の後、ファインマンが彼を散歩にさそい、最後にこう言ったそうです。「意気消沈しているように見えたけど、そんな必要はないよ。ぼくらが聞いた君の計算には間違いがあるようには見えなかった。なんでデイビスの実験結果と合わないのかはわからない。でも、君はなにか重要な発見をしたのかもしれない。がっかりすることはないよ」（バーコール自身が米国の公共放送ネットワーク「ＰＢＳ」の科学番組「ＮＯＶＡ」のインタビューで紹介している話です）。

実際、これは重要な発見だったわけですから、ファインマンの慧眼《けいがん》には驚くばかりです。ただし、その後も、もし観測が正しいのなら、別の理論を考えるべきではないかという声は消えませんでした。もしかすると、太陽の表面に重元素がたまっているせいではないか。

太陽の温度が実は理論より低いのではないか。太陽の中心核が非常に速いスピードで回転しているためではないか。非常に強い磁場があるためかもしれない。いや、太陽の中心にブラックホールがあるためではないか――。さまざまな考えが出されました。

バーコール自身も慎重に可能性をチェックしていきましたが、自分の理論に問題があるとは思えません。バーコールらはさらに標準太陽モデル（ＳＳＭ）の改良も重ねていきましたが、観測との溝は埋まりません。それに、この標準太陽モデルの強みは、ニュートリノ以外の観測とはよく合っているということでした。

観測に合わせてニュートリノの強度だけを減らせるように理論を修正するのは難題でした。標準太陽モデルを変更してひとつの実験結果にあわせようとすると、別の実験結果にあわなくなってしまうという、あちらたてればこちらたたずの状態に陥ってしまったのです。

★太陽の地震

バーコールの理論と、デイビスの観測との食い違いは、理論を更新し、実験を改良しても、いつまでも続きました。

そこに、この膠着《こうちゃく》状態から二人を救ってくれるひとつの観測が登場します。太陽の表面での「地震」を観測する「日震学」からのデータです。実のところ日震は、地球の地震のような震動ではなく、太陽が鳴らす音といった方がいいかもしれません。

これを最初に見つけたのはアメリカの物理学者ロバート・レイトンです。1960年代にウィルソン山天文台の古い望遠鏡を使って、太陽の表面が5分周期で波打っているのを見つけたのです。ちなみにレイトンは、大学の先輩だったファインマンの講義を録音し、『ファインマン物理学』を編集した人物でもあります。

日震は太陽の内部で起きている対流によるもので、この振動を観測することで、太陽内部の様子を知ることができます。

1980年代になって、この日震学からわかる太陽内部の様子が、バーコールの標準太陽モデルと一致していることがわかりました。この結果は、バーコールを勇気づけました。それまでも自分の理論計算には自信があったはずです。それでも、何十年にもわたって懐疑的な見方はなくならなかったからです。

★陽子崩壊から太陽ニュートリノへ

もうひとつ、デイビスとバーコールに味方する重要な観測装置が現れました。それが19

80年代にニュートリノの観測を始めた日本の地下実験装置「カミオカンデ」です。

カミオカンデが設置されたのは岐阜県飛驒《ひだ》市にある神岡鉱山の地下1000メートルのところに掘られた空洞です。ここに、巨大な円筒形の水槽を据えつけて3000トンの水を満たし、その周りに1000個の光センサー「光電子増倍管」を張り巡らした装置です。この光センサーは「フォトマル」とも呼ばれます。

実は、カミオカンデはもともとはニュートリノの検出を目的とした装置ではなく、「陽子崩壊」という現象の発見を目指す装置として実験物理学者の小柴昌俊さんが構想したものでした。陽子は非常に安定した粒子で、壊れることはないと考えられていました。ところが、1970年代終わりにほぼ確立した素粒子の標準理論、その中でも大統一理論と呼ばれる理論は陽子の崩壊を予言したのです（コラム「大統一理論と陽子崩壊」）。

もし、予言が正しいとすれば、水中で陽子が崩壊した際に発するチェレンコフ光という光を検出器で捕らえることができるはずだ。そう考えた小柴さんが作ったのがこの装置だったのです。

カミオカンデの歴史は1968年にさかのぼります。宇宙線の中に含まれる素粒子のミュー粒子を観測するため、雑音の少ない地下鉱山を探していた小柴さんが紹介してもらったの

［コラム］大統一理論と陽子崩壊

自然界で働く力は、重力、電磁気力、強い力、弱い力の4つの力だけ、ということは第1章でお話ししたとおりです。どんな力もこの4つで説明されます。そして、物理学者の方々は「4つの力は宇宙が誕生したてのころには、たった一つの力だった」と考えています。

そのことを理論の上で説明すると同時に、実験でも検証する試みが「力の統一」です。1960年代にグラショー、サラム、ワインバーグが電磁気力と弱い力を統合する「電弱統一理論」を確立します。1974年にはグラショーとジョージがこれに強い力を加えた3つの力を統一する「大統一理論」を提案します。電弱統一理論は検証されていますが、大統一理論は検証されていません。

これを検証する一つの手段が「陽子崩壊」の観測です。もし当初の大統一理論が正しければ、陽子の寿命は10の30乗年程度だろうと考えられていました。10の30乗といわれると想像がつきませんが、宇宙の年齢が桁でいえば10の10乗ですから、その100億倍の、そのまた100億倍といった感じです。

そんなに待てるはずはないという気がしますが、3000トンの水を用意すれば、その中には陽子が10の32乗個含まれるので、それなりに頻繁に陽子崩壊が検出できるはずです。これがカミオカンデの当初の目的でした。

結果的にカミオカンデでも、水を5万トンに増やしたスーパーカミオカンデでも陽子崩壊は観測されず、陽子の寿命は10の30乗より長いことがわかりました。長寿でよかったといえばいいのか、観測できずに残念だったといえばいいのかわかりませんが、大統一理論が修正を余儀なくされたのは確かです。

が岐阜県の神岡鉱山でした。ミュー粒子の観測は無事に成果が上がり、その後は欧州の加速器実験で共同研究をしていましたが、そこへやってきたのが、「大統一理論を検証する方法はないか」という物理学者からのおたずねでした。

理論によると、陽子が崩壊する時に陽電子とパイ中間子ができ、パイ中間子はすぐに2つのガンマ線に崩壊します。この反応は結果的に三重のチェレンコフ光のリングとして観測されるはずです。

パーヴェル・チェレンコフ

チェレンコフ光というのは、旧ソ連の科学者パーヴェル・チェレンコフが発見した現象で、電荷を持つ荷電粒子が水中を（正確には物質中を）光速より速く進む時に発する青白い光です。

えっ、光速より速く進むものはなかったはずでしょ、と思った方は正解です。でも、水中では光の速度が遅くなるのです。その結果、荷電粒子の速度が光速を上回るのです。

余談ですが、KAMIOKANDEの「NDE」は、当初は「核子崩壊実験（Nucleon Decay Experiment）」の頭文字としてつけられましたが、今では、「ニュートリノ検出実験（Neutrino

Detection Experiment)」だと思われています。

デイビスがホームステイク金鉱山で実験を進めているころ、小柴さんらはカミオカンデの建設に着手しました。観測を開始したのは1983年です。データは順調に取れましたが、3カ月ほどたったころ、陽子崩壊はともかく、もう少し性能を上げれば太陽ニュートリノもカミオカンデで観測できるのではないかと小柴さんは気づきました。

ここで小柴さんは、大胆にも、カミオカンデの改造に乗り出します。観測の邪魔になる背景の雑音を減らし、1986年の終わりには「カミオカンデ2」として、太陽ニュートリノが観測できるように調整されました。前にもお話ししたように、ここでいう「雑音」は音のことではありません。狙った反応（この場合は太陽ニュートリノの反応）と取り違えてしまうような偽の反応のことです。

たとえば、カミオカンデのある鉱山内部はラドンという放射性物質の濃度が高く、これが水の中に溶けていて、偽信号を作り出します。宇宙線が地球の大気と衝突して生まれる素粒子ミュー粒子も雑音となります。

こうした雑音を減らすために、水をきれいにするなどさまざまな工夫を凝らし、太陽ニュートリノをとらえる装置として観測を開始したのは翌1987年の1月。その直後の同年2

月に超新星ニュートリノをキャッチし大騒ぎになるのです。ただそれで太陽ニュートリノの観測がお留守になったわけではありません（超新星の話は第3章で）。

カミオカンデには、デイビスの実験にはない優れた点がありました。リアルタイムの観測で、しかもニュートリノが飛んできた方向がわかるということです。

実は、デイビスのホームステイクでの実験には、ニュートリノがやってくる方向まではわからないという弱点がありました。なにはともあれ、ニュートリノが塩素と反応してアルゴンに変わったものを検出するという方法をとっていたからです。

一方、カミオカンデは、実際に太陽の方向からやってきたニュートリノなのかどうかがわかるだけでなく、3種類のいずれのニュートリノも観測できます。

1989年、カミオカンデは、太陽ニュートリノの最初の観測を報告しました。その結果、やはり、予測値の半分しかなかったのです。

デイビスの観測だと3分の1で、カミオカンデだと2分の1というのはおかしいと思われるかもしれませんが、これはカミオカンデが電子ニュートリノが変化した先の別の型のニュートリノも一部捕らえているからです。詳しくは後ほどお話しすることにして、ここでは、「太陽ニュートリノが予測に比べて足りない」ということをおさえておいてください。

これで、デイビスとバーコールが追いかけてきた「太陽ニュートリノの謎」が現実のものであることが確認されました。デイビスの最初の実験からすでに20年以上、その実験結果に誤りがなかったことが、やっと別の実験で確かめられ、裏打ちされたのです。

それから2年後、バーコールは、太陽核融合理論の創設者であるベーテとともに、デイビスの観測とカミオカンデの観測を使って論文を書きました。その中で「二つの実験結果が両方とも間違っているか、もしくは新しい物理学が必要か、どちらかだ」と強く主張しました。

この時、「私は『間違った計算をした人』ではなくなった」と、バーコールはさきほども出てきた「NOVA」のインタビューで語っています。やはり、それまでは強いプレッシャーがあったに違いありません。

それだけではありません。カミオカンデの観測はニュートリノが太陽の方向からやってきていることを確め、実際に太陽がニュートリノを放出していること、ひいては、太陽が核融合反応で輝いていることを確かめることにもつながったのです。まさに、バーコールにとっては救いの神でした。

さらに、1990年代前半にはガリウムという物質を使う複数の実験が行われ、ここでも太陽ニュートリノの観測数の不足が明らかになりました。

実験結果も間違っていないし、太陽モデルも間違っていない。とすれば、いったい何が間違っているのか。そこに浮上したのが「ニュートリノ振動」です。

★宇宙のカメレオン

ニュートリノには、電子ニュートリノ、ミューニュートリノ、タウニュートリノの3種類があるというお話をしてきました。

第1章でもお話ししたように、ニュートリノ振動は電子ニュートリノがミューニュートリノに変化するというように、3種類のニュートリノの間で変身が起きる現象です。梶田さんのノーベル賞受賞について解説したスウェーデン王立科学アカデミーの資料では、「宇宙のカメレオン」という表現が使われていて、なかなかうまいこと言うなと感じました。まるで、カメレオンが皮膚の色を変えるように、ニュートリノも種類を変えるのです。しかも、ぱっと変わるというのではなく、カメレオンのようにじわじわと変化するのです。

ただ、専門家の方々は、なぜか電子型、ミュー型、タウ型というニュートリノの種類の違いを「フレーバー＝香り」と呼びます。つまり、ニュートリノ振動とは「香り」が入れ替わる現象、ということになります。

こうした振動が起きるのは、ニュートリノに質量があり、その質量が3種類の間で異なっている時だけです。

その現象が起きている可能性が真剣に考えられてこなかったのは、前にもお話ししたように、素粒子の標準理論は「ニュートリノには質量がない」という前提で組み立てられてきたからです。ですから、ニュートリノ振動も起きないことになっていたのです。

でも、実をいえば、ニュートリノ振動の可能性は古くから考えられてきました。1957年に初めてこの概念を提案したのはブルーノ・ポンテコルボです。太陽ニュートリノは塩素を使えば検出できると提案しデイビスに影響を与えた、あのイタリア人物理学者です。

彼は、K中間子と呼ばれる粒子に複数の種類があり、2つの種類の間で互いに変化する「K中間子振動」という現象があることを知っていて、それに似た現象としてニュートリノ振動を提唱したのです。

でも、この時は、現在のニュートリノ振動とは違って、「ニュートリノ」と「反ニュートリノ」が互いに入れ替わる現象と考えていました。

1962年にミューニュートリノが発見されると、日本人の理論物理学者3人が、現在のように種類の違うニュートリノの間でニュートリノ振動が起きる理論を唱えました。名古屋大学の坂田昌一《しょういち》、牧二郎、中川昌美《まさみ》の3人です。もし、彼らが存命だったら、ニュートリノ振動が実験で証明されたのですから、ノーベル賞の受賞対象だったはずです。実際、ヒッグス粒子の場合は、実験で証明したCERNのLHCのチームではなくて、理論をたてたヒッグス博士らが受賞しています。

それはともかく、ニュートリノ振動は理論の段階から日本人が活躍していた現象だと知ると、「やるね」という気になります。

ブルーノ・ポンテコルボ

★第2世代実験

太陽ニュートリノの謎がニュートリノ振動に基づくものだとすれば、こんな考えが成り立ちます。

太陽の内部の核融合反応でできた電子ニュートリノが、地球まで旅する間に、ミューニュートリノやタウニュートリノに変化する。これらの変化した先のニュートリノは、デイビスがホ

坂田昌一

牧二郎

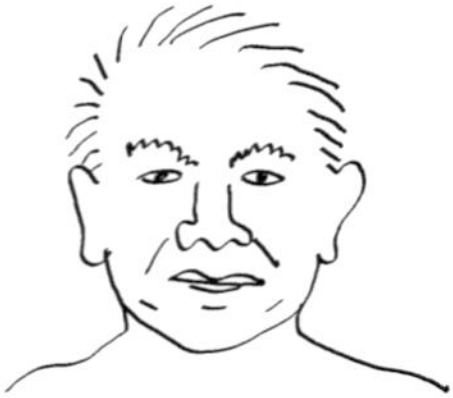

中川昌美

ームステイク鉱山で行っていたような実験ではとらえられないため、全体としてニュートリノの数が減って見える。

これを確かめるためには、3種類のニュートリノを精度良く捕らえて見ることが必要でしょう。そんな考えに基づいて１９９９年に始まったのが、カナダのサドバリー・ニュートリノ観測所（ＳＮＯ）での実験です。

この実験は、後で述べるスーパーカミオカンデによる太陽ニュートリノ実験とともに、「第2世代の太陽ニュートリノ実験」と呼ばれています。太陽の核融合反応を確かめようとして、結果的に「消えたニュートリノの謎」を見つけたデイビスらの実験とは違って、最初から、ニュートリノ振動を念頭に置いていたからです。

過去にさかのぼると、SNO実験は1984年、米国カリフォルニア大学アーバイン校のハーブ・チェンらによって計画されました。特徴はカミオカンデのような普通の水ではなく、重い水素を持つ重水を検出装置に使ってニュートリノを観測することです。

SNO以前にも重水を使ってニュートリノを検出しようとした試みはあったのですが、地上では宇宙線の雑音が大きく、検出できませんでした。それを知ったチェンが、カナダから原子炉（CANDU炉）に使う重水を借りてきて、鉱山地下に検出器を置けばいいと提案したのです。日本にある原子炉は冷却材に普通の水を使った「軽水炉」ですが、CNADU炉は減速材として重水を使うのです。

★重水を使うSNO実験

実際に装置の建設計画が提案されたのは1987年で、カナダと米国、英国の共同計画となりました。カナダ・オンタリオ州の鉱山の地下2キロメートルのところに、1000トンの純粋な重水を直径12メートルのアクリルの球の中に満たした検出装置を設置し、太陽から飛んできたニュートリノを捕らえるのです。

ニュートリノの検出原理はカミオカンデと同じで、重水の中の陽子とぶつかって発するチエレンコフ光をアクリルの球の外側に設置した9500個のセンサー（光電子増倍管）で観測するという手法をとりました。

検出器は普通の水で囲まれ、さらに厚さ2キロの岩盤で囲まれています。これは、宇宙線による雑音を防ぐためです。SNOは1999年4月に観測を始め、年間約3000個の太陽ニュートリノを検出しました。この実験を率いたのが梶田さんといっしょにノーベル賞を受賞したアーサー・マクドナルドさんです。

それにしても、なぜ重水を使うのでしょうか。普通の水が普通の水素でできているのと違い、重水は重水素でできています。重水素は、普通の水素に比べて原子核の中に中性子が1個多く含まれています。

このことが、ニュートリノ振動の確認にとても好都合だったのです。

なぜなら、重水素があると、①電子ニュートリノだけが起こす反応　②電子型、ミュー型、タウ型のいずれのニュートリノでも起きる反応、の両方が生じて、それぞれの反応を同じ標的について同時に測定することができたからです。さらに③として、ニュートリノがやってくる方向を検出できる反応もありました。

この測定方法の何が巧妙なのでしょうか？

太陽からやってくるのは電子ニュートリノだけですから、もし、これがそのままの姿で地球に到達しているとすれば、①の数と②の数は等しくなるはずです。一方、電子ニュートリノがミュー型やタウ型に変身しているとすれば、①の数より②が多くなるはずです。②は3種類の総量なので、電子ニュートリノがほかのタイプに変身しようがしまいが、数は同じです。でも、変身していれば、①の数が減るはずだからです。

2001年、最初のSNOの観測結果が公表されました。電子ニュートリノだけを測定する①の反応の結果です。

さらに2002年には残る2つの反応の結果も公表されました。①と②の反応を比べると、①の方が少なく、②の反応は太陽ニュートリノの理論値にぴったり一致しました。①は②の3分の1しかなく、3分の2は電子型以外のニュートリノに変身していたことが確かめられたのです（図2－5）。

ここから、「消えた」と考えられていた太陽ニュートリノは、決して消えたわけではなく、ほかの種類のニュートリノに変身していただけであることが確かめられました。つまり、太陽から出てきた電子ニュートリノは、地球までの1億5000万キロメートルを旅する間に、ミュー型やタウ型に変身していたことがわかったのです。

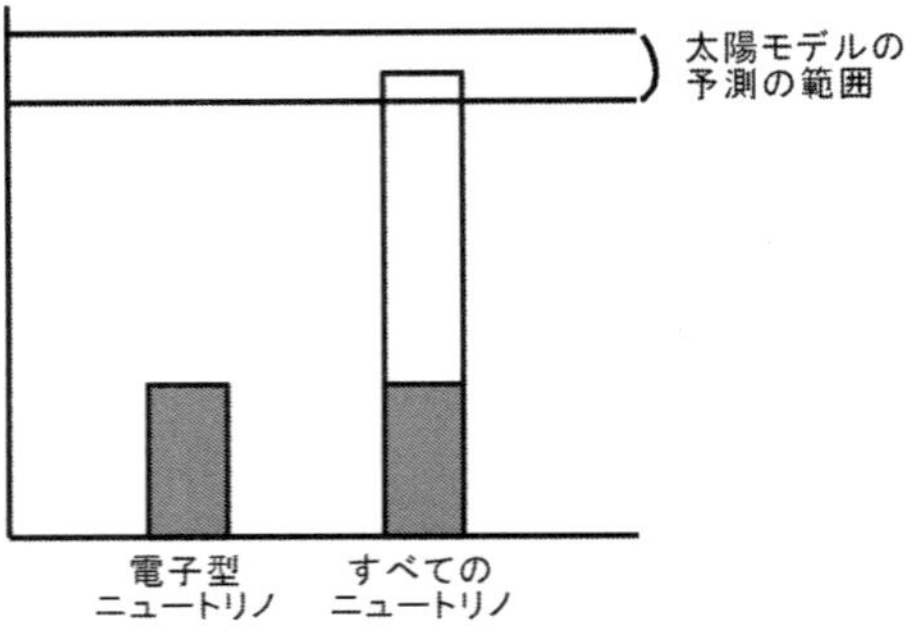

図2－5：SNOの観測結果

デイビスとバーコールが不思議に思って以来、30年の長きにわたって科学者を悩ませてきた「太陽ニュートリノの謎」が、解かれた瞬間でした。

ＳＮＯの観測は２００６年までに終了し、２０１３年には最終結論が公表されています。そこで示されたのは、太陽の電子ニュートリノの3分の2は途中でミュー型かタウ型に変身して地球に到達している、ということでした。

★スーパーカミオカンデの貢献

ここまで、ホームステイク実験とSNOを中心にお話ししてきましたが、実は、カミオカンデの後継機であるスーパーカミオカンデも、太陽ニュートリノの謎解きに大きく貢献しました。

その特徴は、ＳＮＯと違って普通の水の純水を使うこと、ＳＮＯと同様に太陽の中でできる電子ニュートリノだけでなく、ほかのニュートリノも検出できることです。

ニュートリノが電子にぶつかった時に、その電子が散乱する方向とエネルギーを検出することによって、もとのニュートリノがやってきた方向とエネルギーもはじき出すことができます。

スーパーカミオカンデは1996年に動きだしました。太陽ニュートリノの観測は1996年5月31日に開始、2001年7月15日まで、時間にして1496日分の観測を行いました。この間にスーパーカミオカンデがとらえたニュートリノは、2万2400個でした。標準太陽モデルが予測する値の4割程度しかなく、やはり振動の効果だと考えられました。

スーパーカミオカンデが3種類のニュートリノを捕らえる装置であるにもかかわらず、理論値の100%に満たず4割なのはおかしいと思われるかもしれませんが、これはスーパーカミオカンデの仕組みによります。

つまり、こういうことです。

太陽からやってくる電子ニュートリノは3分の1がそのまま、3分の2がミュー型とタウ型に変身した状態で観測されると考えられます。従って、SNOは電子ニュートリノだけを観測すると理論値の3分の1、全部の型を観測すると理論値の100%になりました。

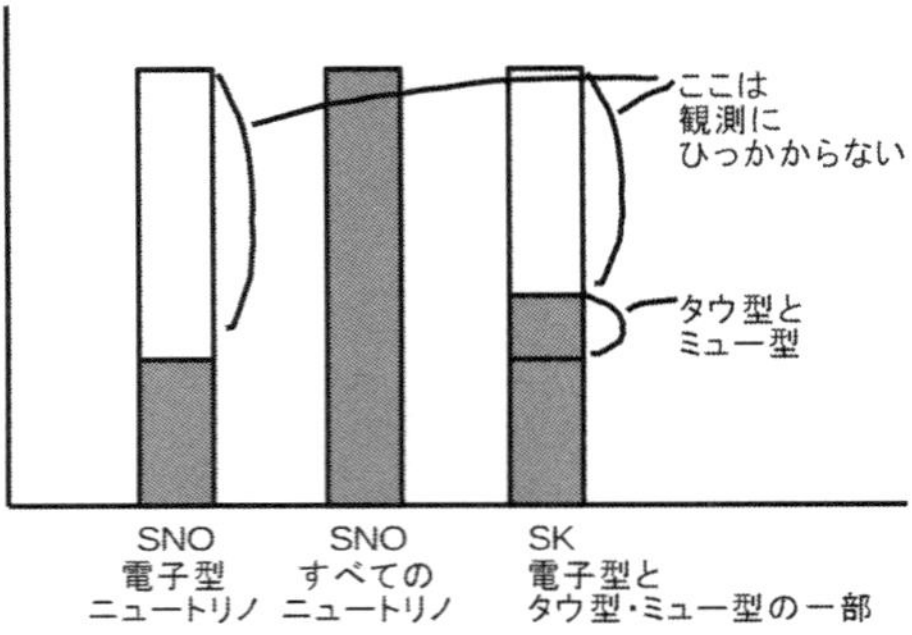

図2－6：SNOとスーパーカミオカンデの観測を合わせると

一方、スーパーカミオカンデ（ＳＫ）は、太陽からやってくるニュートリノが水中で電子をはじき飛ばす反応を捕らえています。この反応は、電子ニュートリノの反応をほぼ１００％捕らえることができますが、ミュー型やタウ型は少ししか反応しないのです。その結果、理論値の１００％にならないのです（図２－６）。

★カムランド実験

スーパーカミオカンデとＳＮＯの観測で、太陽ニュートリノが地球まで飛ぶ間に振動が起きていることが確実となりました。

ただ、目に見えない粒子を扱う素粒子実験であるだけに、さらなるだめ押しが必要になります。そのだめ押しを成功させたのが、日本の「カムランド実験」です。

１９９３年にカムランドを発案したのはそれまでカミオカンデやスーパーカミオカンデ実

験に携わってきた物理学者、鈴木厚人《あつと》さんです。カミオカンデやスーパーカミオカンデが太陽ニュートリノや超新星ニュートリノ、大気ニュートリノの観測で成果を上げる中、スーパーカミオカンデではできないような実験を手がけようと考え出したのです。

スーパーカミオカンデは、確かにカミオカンデに比べて能力が何倍もアップしましたが、水を使ってニュートリノの反応をチェレンコフ光で捕らえるという原理はいっしょです。

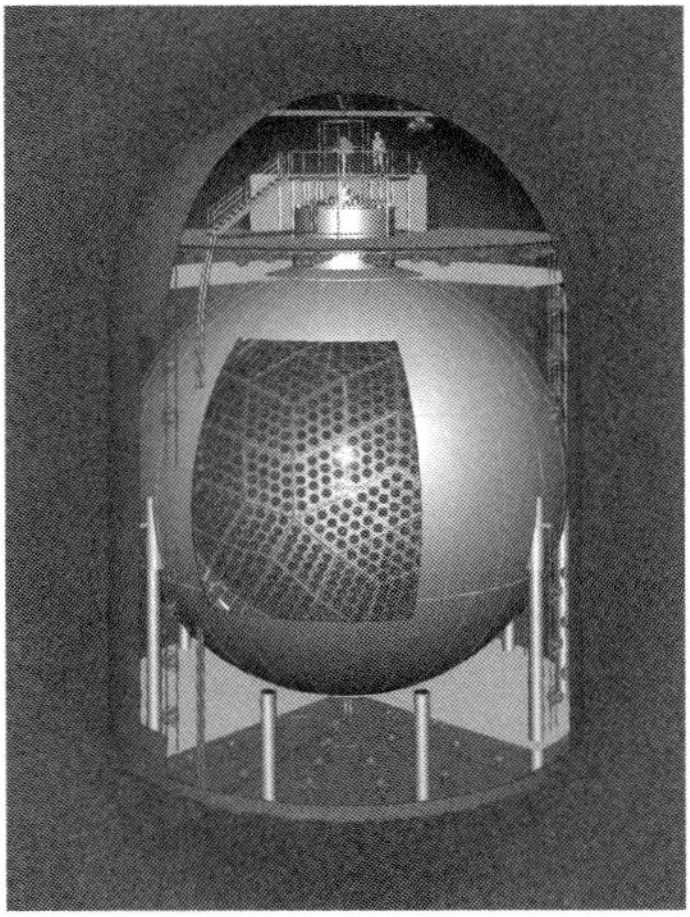
図2－7：カムランドの構造　提供：東北大学ニュートリノ科学研究センター

そこで、鈴木さんはもっとエネルギーの低いニュートリノを捕らえようと考えました。そのために考案したのが、水の代わりに液体シンチレーターという油のような物質を使う装置です（図2－7）。

カムランドはカミオカンデと違ってニュートリノの反応によるシンチレーション光と呼ばれる光を捕らえます。シンチレーション光の特徴は、同じエネルギーのニュートリノが反応を起こした場合、チェレンコフ光の100倍ぐらい明るく光ることです。逆に考えると、100分の1のエネルギーのニュートリノを検出できるくらいに感度が上がります。ただし、感度を上げると、今度は雑音も増えてしまうので、これを減らす工夫も必要になります。

鈴木さんらは、すでに役割を終えたカミオカンデの跡地を利用して、カムランドを建設することにしました。カミオカンデを解体した後の空洞を使うのです。1000トンの液体シンチレーターを透明なフィルムでできた風船のような直径13メートルの球形の袋に入れ、これを直径18メートルのステンレスでできた球形のタンクの中に納め、袋とタンクの間を透明なオイルで満たします。周囲にはシンチレーション光を捕らえる光センサーがずらっと並べられています。さらに、雑音を除くために外側のタンクと周囲の岩盤の間を純水で満たしました。これがカムランドです。

検出器は2001年春に完成し、2002年1月から実験が開始されました。まず、カムランドが取り組んだのは日本各地にある原子力発電所から出てくるニュートリノを捕らえることによってニュートリノ振動を検証することでした。

原子炉から出てくるニュートリノは人工的に生成されるニュートリノなので、それぞれの原発の出力や燃焼度などのデータから生成するニュートリノの数は正確に計算することがで

図2－8：日本の原子炉とカムランド

きます。

神岡の周囲、半径180キロメートル付近には、福井県の敦賀《つるが》原発や美浜《みはま》原発、大飯《おおい》原発、新潟県の柏崎《かしわざき》刈羽《かりわ》原発、静岡県の浜岡原発などがあり、世界最大の原子炉ニュートリノ源が存在するうってつけの場所でした（図2－8）。

しかも、偶然にも、SNOやスーパーカミオカンデでは確められない太陽ニュートリノ振動の詳しい性質が、約180キロメートルを飛ぶ原子炉ニュートリノ（反電子ニュートリノ）の振動を観測すれば確められるという好条件がそろっていました。

2003年1月、カムランド実験チームは145日間の観測データを公表しました。理論計算では87個の原子炉ニュートリノが観測されるはずでしたが、実際に観測されたのは54個。ここでも、「ニュートリノの数の不足」が確認され、このデータから太陽ニュートリノ振動の詳しい性質を決定することができました。

これで、2002年のSNOの実験が確認されるとともに、太陽ニュートリノの謎に決着がついたことになります。

カムランドはこれ以外にも、それ以外に検出できなかった地球ニュートリノの観測に初めて成功するという成果をあげています（コラム「地球ニュートリノ」）。

★はじめから正しかった

デイビスが、バーコールに伴走されつつ、生涯をかけたホームステイクでの実験は、1994年まで25年以上続けられ、1998年に最後のデータが公表されました。デイビスは1984年に70歳でブルックヘブン国立研究所を退職しましたが、ペンシルベニア大学が彼を雇い、実験費用を出し続けました。

最後のデータは、実験を始めた1967年当初と基本的に変わらず、一貫して太陽ニュー

［コラム］地球ニュートリノ

地球の内部には非常に大きな熱があることがわかっています。この地熱は、地球のプレート運動やマントル対流に関わり、火山活動や地震活動にもつながっています。地熱発電ができるのも、この熱のおかげです。地球が放出している熱は、全体で44テラワットにも上ります（テラは1兆を表す単位です）。そのうち半分程度が地球内部の放射性物質の崩壊による熱だと考えられています。

そしてこの放射性物質の崩壊にはニュートリノも関わっています。

これまでに何回か紹介したベータ崩壊を思い出してください。地球の内部にはウランやトリウムといった放射性物質がたくさん含まれています。これがベータ崩壊する時に放射線のエネルギーで熱が生み出されると同時に、ニュートリノを放出するのです。これが「地球ニュートリノ」です。

ニュートリノ自身は熱を生み出しませんが、「地球ニュートリノ」が観測できれば、地球内部の様子がわかり、熱源についても情報が得られるはずです。

カムランドは2002年から2009年の間に106個の地球ニュートリノを検出し、ウランなどの放射性物質による地熱の量がわかってきました。

こうした研究が進むと、「ニュートリノ地球物理学」という新分野が開けていきそうです。

トリノは太陽モデルから理論的に予測される値の30％程度しかありませんでした。デイビスの実験結果も、バーコールの理論計算も、はじめから正しかったのです。

2002年、88歳になるデイビスは、小柴さんとともにノーベル物理学賞を受賞しました。授賞理由は「宇宙ニュートリノを捕らえることによる天体物理学への先駆的な貢献」でした。ノーベル賞の枠は3人だけで、3人目の受賞者はエックス線天文学に貢献したリカルド・ジャッコーニでした。

ここに、理論家バーコールの名前はありませんでした。

ノーベル賞授賞式の時、デイビスは高齢でもあり、認知症もあったらしく、受賞公演は長男のアンドリュー・デイビス・シカゴ大学教授が代読する形で行いました。でも、当時の写真をみると授賞式の会場でレイ・デイビスが本当にうれしそうに笑っています。

バーコールは1968年からプリンストン高等研究所に所属し、ポスドク（博士研究員）の教育に力を入れるなど、多くの後進を育てました。理論家でありながらハッブル宇宙望遠鏡の計画を強力に後押しし、理論的にも計画を支えました。ハッブル宇宙望遠鏡の修理の実現にも力を尽くしました。

前述したようにバーコールはデイビスの80歳の記念シンポジウムで公演し、レイモンド・

デイビスについてこう述べています。

「レイと私はこの30年間に100回以上、ともに学会などにでかけ、太陽ニュートリノの議論に参加してきました。非公式な議論を含めたらもっと多くの機会がありました。でも、レイが見当はずれな質問にいらだったり、怒ったりするところは一度として見たことがありません。どんな質問にも、率直に、オープンに答えていました。誰でも実験所や研究室に招いて説明していました」

また、前述したNOVAのインタビューでもこう述べています。

「レイは、研究室のゴミ箱を掃除しにきた人にも、質問しにやってきた高名な教授にも、まったく変らない態度で接していました。同じ親しみやすさ、同じ礼儀正しさ、同じ優しさで」

バーコールは2005年8月、まれな血液の病気でこの世を去りました。70歳でした。翌2006年5月、デイビスは91歳で亡くなりました。

バーコールの同僚でもあったスコット・トレメインは、ジョン・バーコールについてこう書いています。

「ジョンのヒーローでもあったリチャード・ファインマンについてマーク・カックが述べた以下のような有名なコメントがあります。

――天才には2種類ある。『普通の天才』と『魔法使い』だ。普通の天才は私たちが何倍か優れていたらなれるような人物だ。その考えにミステリーはない。でも、魔法使いは違う。ファインマンは後者だ――

そして、ジョンは『普通の天才』でした。だからこそ、若い研究者に大きな影響を与えたのです。もし、もっと熱心に研究すれば、もっと物理について学べば、もっとよい判断ができれば、そしてもっと大胆になれるなら、きっと彼のように重要な貢献ができると、みんな感じたのです」（米科学アカデミーの回想録　２０１１年　http://www.sns.ias.edu/~jnb/Bahcall_John.pdf）

第3章　カミオカンデと超新星

★400年ぶりの超新星爆発

1987年2月23日、まもなく日付が変わろうとしている真夜中のことです。南米チリの山の上にあるラスカンパナス天文台でカナダ人天文学者のイアン・シェルトンが大マゼラン星雲の写真を撮影していました。地球から約16万光年のところにある小さな銀河で、南半球の夜空にぼうっと浮かんでみえます。

トロント大学の学生だった30歳のシェルトンは、天文台にやってくる観測者に望遠鏡の使い方を教える仕事をしていました。そのかたわら、使われていない小さな望遠鏡を使って新星や変光星を探すプロジェクトを計画しているところでした。毎晩、夜空の同じ場所を続けて撮影することで、以前にはなかった星の増光を見つけようと考えたのです。

この日はまだ、そのための試験撮影を始めて2日目でした。3時間の露出を終え写真乾板を現像してみたシェルトンは、前の夜にはかすかだった星が、明るさを増していることに気づきました。天文台にいる仲間たちに伝えると、その中の一人、望遠鏡技術者のオスカー・

図3－1：1987年2月23日、大マゼラン星雲で発生した超新星 SN1987A 。右は爆発前。（アングロ・オーストラリア天文台 /Daved Malin 撮影）

デュアルデが、そういえばさっき、外に出たときに見たと言い出しました。

みんなそろって外へ出て夜空を見上げると、確かに昨日までなかった星が輝いているではありませんか！　その明るさは、ただの新星や変光星とは思えません。太陽のような恒星が進化の果てに起こす超新星爆発に違いありません（図3－1）。

彼らはただちに、アメリカのマサチューセッツ州ケンブリッジにある国際天文学連合の天文電報中央局に知らせます。新天体を発見した場合に届け出ることになっている国際機関です（この超新星の発見者は、公式にはシェルトンとデュアルデ、彼らとは独立に発見したニュージーランドのアマチュア天文家のアルバート・ジョーンズとなっています）。

この超新星発見のニュースは、国際天文学連合のニュース速報「IAUサーキュラー」にのって、またたくまに世界をかけめぐりました。

望遠鏡を使った現代の天文観測では超新星爆発の発見自体はそうめずらしいことではありません。でも、この超新星はそうした発見とはまったく意味が違いました。

歴史的な記録に残された肉眼で見える超新星は、それまで7個と考えられていました。いずれも私たちの銀河系の中で起きたので望遠鏡がなくても見えたのです。でも、肉眼で見える銀河系内の超新星爆発は1604年以来400年近く観測されていません。望遠鏡が開発されて以来、現代人の誰一人として、これほど近くて明るい超新星は見たことがなかったのです。

実は、大マゼラン星雲も銀河系の中にあるわけではありません。ただ、すぐ脇にある伴銀河で、我らが銀河系と大マゼラン星雲、小マゼラン星雲は、3つ合わせて三重銀河と考えられているくらいですから、銀河系内に超新星が出現したのと同じくらいのインパクトがありました。

世界中の天文学者が色めき立ったのは当然と言えば当然のことです。

なんとかこの世紀の超新星を観測しようと、みんな自分たちの持つ観測機器をその方向に向けようとしました。もちろん、大マゼラン星雲は南半球の南天に見える銀河ですから、北半球にいてはどうしようもありません。

当時の天文電報を見ると、オーストラリアのサイディング・スプリング天文台、チリにあるセロ・トロロ・インターアメリカ天文台、同じくチリにあるヨーロッパ南天天文台、南アフリカ天文台といった南天を観測できる天文台から、さまざまな観測結果が矢継ぎ早に入ってきていることがわかります。北半球の天文台は、きっとやきもきしていたに違いありません。

でも、その中にあって、現代ならではの観測が北半球で行われました。16万光年の彼方《かなた》から、光速に近いスピードで宇宙空間を飛び続け、南半球から地球の中をやすやすと通り抜け、岐阜県の神岡鉱山の地下1000メートルの貯水槽に飛び込んできたニュートリノの検出です。

★踊る小柴さん

シェルトンが夜空を見上げて超新星に気づいてから2週間後の3月9日、霞ヶ関《かすみがせき》の科学技術庁（当時）の記者会見室で一人の科学者が会見しました。科学技術庁は今は文部省といっしょになっていますが、当時は別々で、今の外務省の裏側にありました。

会見室に現れたのは定年をその月の終わりに控えた60歳の物理学者、小柴昌俊《こしばまさとし》さんです。東大理学部教授だった小柴さんは、大マゼラン星雲の超新星爆発に伴うニュートリノを、岐阜県神岡鉱山の地下に据えた検出装置「カミオカンデ」で、見事にキャッチしたのです。

詰めかけた記者を前に、図を使って説明しながら、小柴さんがまるで踊っているように弾んで見えたのを思い出します。重大な発表と聞いて会見にかけつけた私にも、その興奮が伝わってくるようでした。

小柴昌俊

この後、小柴さんはノーベル物理学賞の受賞はまちがいないと思われるようになりました。私たちも、「きっといつか受賞する」と思って、その日に備えていたものです。そして、15年後の２００２年、あの太陽ニュートリノのデイビスとともに、実際にノーベル物理学賞を受賞したのです。
では、超新星爆発からのニュートリノ検出は、いったいどうして、そんなに重要なことだったのでしょうか？
もちろん、銀河系内で超新星が出現したのは１６０４年が最後ですから、超新星ニュートリノを捕らえたのは人類史上初めてのことです。

現代の光の観測では、銀河系の外のはるかに遠い場所に出現する超新星を観測することもできます。でも、ニュートリノはほとんどのものをすり抜けてしまうので、超新星からのニュートリノが大量にやってこなければ検出は無理です。超新星爆発が遠くで起きても、地球にやってくる間にニュートリノは減ってしまうので、近くで出現した場合でないと検出はむずかしいのです。ですから、1987年の超新星ニュートリノの検出は、千載一遇のチャンスだったといってもいいでしょう。

でも、単にはじめてキャッチしたというだけではありません。超新星ニュートリノを捕らえることは、超新星の理解にもつながっていくのです。

それを知るために、まず、超新星とはどんなものかを簡単におさらいしておきたいと思います。

★星の一生の終わりの大爆発

超新星という名前からは、とても新しい生まれたての星を想像するかもしれません。でも、実はまったく反対で、太陽のような恒星がその一生の終わりに起こす大爆発が超新星です

（といっても、私たちの太陽は超新星爆発を起こすには軽すぎるのですが、そのことは超新星爆発のメカニズムとあわせて、後ほどお話しします）。

古い星の爆発なのに、なぜ超新星と呼ばれるのかといえば、夜空を見ていて、それまで何も見えなかった場所に、新しく星が生まれたように見えるからです。

実は、超新星という名前が登場する前から、新星と呼ばれる天体はありました。これも、突然夜空に新しい星が現れたように見える現象でしたが、超新星はそれよりさらに明るく輝いて見えるため、通常の新星とは区別されるようになりました。超新星は宇宙でもっとも明るく輝く天体といってもいいでしょう。

新星と超新星では、メカニズムが異なることが今ではわかっています。

簡単にいえば、新星は白色矮星《はくしょくわいせい》と呼ばれる星の表面にガスがたまり、これが突然爆発して明るく輝く現象です。この時、白色矮星は恒星と互いの周りをまわり合う連星となっていて、ガスは恒星から供給されます。実は白色矮星もまた、星の一生の最後の姿なのですが、それ自体が爆発を起こすわけではありません。

年	方位	記録など
185	ケンタウルス座	後漢書
393	さそり座	宋書
1006	おおかみ座	明月記
1054	おうし座	明月記
1181	カシオペア座	明月記
1572	カシオペア座	ティコ・ブラーエ
1604	へびつかい座	ケプラー
1987	大マゼラン星雲	カミオカンデでも観測

図3－2：肉眼で見えた超新星の記録

★歴史に残る超新星

超新星の出現は大昔から人々を驚かせてきたのでしょう。歴史的な資料にその記述があります（図３－２）。

もっとも古い超新星の記録と考えられているのは、西暦１８５年にケンタウルス座の方向に出現した超新星です。この記録は中国の『後漢書』に残されていますが、８カ月も夜空に明るく輝いたそうです。３９３年にはさそり座に超新星が出現し、これも金星ぐらいの明るさだったようです。

その次の１００６年の超新星はおおかみ座に、１０５４年の超新星はおうし座に、１１８１年の超新星はカシオペア座に出現しています。この３つは日本でも記録が残されています。平安末期から鎌倉時代に活躍した歌人、藤原定家《ふじわらのていか》が残した『明月記《めいげつき》』です。

定家は父親も有名な歌人の藤原俊成、息子の藤原為家《ためいえ》もやはり歌人でした。定家自身は

『新古今和歌集』や『小倉百人一首』の選者として知られ、自身の歌もこれらの歌集に収められています。

見渡せば　花も紅葉も　なかりけり　浦の苫屋《とまや》の秋の夕暮

来ぬ人を　まつほの浦の　夕なぎに　焼くや藻塩の身もこがれつつ

こんな歌に聞き覚えのある人もいるでしょう。

個人的には、桜や紅葉の華やかなイメージを描き出しておいて、秋の夕暮れの寂しさにストンと落とした歌が気に入っていますが、天文学の世界では藤原定家といえば、やはり歌よりも、『明月記』です。

『明月記』は定家が18歳の青年だった1180年（治承《じしょう》四年）から73歳の1235年（嘉禎《かてい》元年）まで、55年間にわたって書き綴《つづ》った日記です。文学作品ではなく、本当の日記です。子孫にあたる京都の冷泉《れいぜい》家に伝わり、2000年に国宝に指定されています。

藤原定家

その中にこんなくだりがあります。

後冷泉院《ごれいぜいいん》・天喜《てんぎ》二年四月中旬以後の丑《うし》の時、客星《かくせい》觜《し》・参の度に出《い》づ。東方に見る。天関星《てんかん》に孛《はい》す。大きさ歳星《さいせい》の如《ごと》し。

実際には漢文なので、ひらがなは入っていません。さらにこれを現代文に訳すと、こんな感じになります。

1054年6月中旬以降の午前2時ごろ、客星がオリオン座の上の東方に現れ、おうし座ゼータ星（天関星）のそばで輝いた。その明るさは木星（歳星）と同じぐらいだった。

觜と参は、天球の位置を示す星宿《せいしゅく》の名前で、いずれも今でいえばオリオン座にあたります。この当時、客星といえば、それまで何も見えなかったところに、突然、明るい星が現れる現象のことでした。現代でいえば、超新星や新星、ほうき星（彗星《すいせい》）にあたります。

そして、今では、1054年6月におうし座に出現した明るい星は、超新星爆発であることがわかっています。

今、この場所に望遠鏡を向けてみると、美しい「かに星雲」が映し出されます(図3－3)。これが960年以上前の超新星爆発の残骸です。

図3－3：かに星雲 ©ESA/Hubble and NASA

『明月記』にはこのような超新星の記録が全部で3回登場します。1006年のおおかみ座の超新星、1181年のカシオペア座の超新星、そして今ご紹介した1054年のおうし座の超新星です。

この記録に人々が引きつけられるのには理由があります。

有史以来、望遠鏡が開発される前から、超新星が肉眼で観測された記録は全部で8回と考えられています。おさらいになりますが、185年、393年、1006年、1054年、

1181年、1572年、1604年、そして1987年の8回です。そのうちの3回を定家が明月記に書き留めているのです。

中国では、185年の客星が『後漢書』に、1054年の客星が『宋史《そうし》・天文志』に記録されていますが、欧州にはほとんど古い記録がありません。日本人の私たちが、さすが定家、という気になるのは当然かもしれません。

ただし、『明月記』が書かれた時代を見るとわかるように、これらの記録は定家自身が観測したものではありません。当時の天文台である陰陽寮《おんようりょう》から受け取った超新星の記録を日記に転載していたようです。当時の天文学者にあたる陰陽師《おんみょうじ》は有名な平安時代の安倍晴明《あべのせいめい》の子孫にあたります。考えてみれば、えらかったのは定家ではなく、陰陽師ということかもしれません。

『明月記』には超新星以外にも、日食や月食、彗星、流れ星、オーロラなどの記録が残されています。当時、天変地異は不吉なものと考えられていたようですから、定家も無関心ではいられなかったのでしょう。

超新星は急激に明るさを増し、時には満月のように輝くものもあったと思われます。その後、数年かけて暗くなっていきますが、何もなくなってしまうわけではありません。その痕跡は、かに星雲のように、「超新星残骸」として今でも観測できます。
１８５年の超新星の残骸はエックス線天文衛星の観測によって、ＲＣＷ86と呼ばれる天体であることがわかりました。１００６年の残骸は日本の天文衛星「すざく」が２００６年に観測しています。

★ティコの星とケプラーの星

天文学者が超新星の記録をきちんと残すようになったのは１５７２年以降のことでしょう。

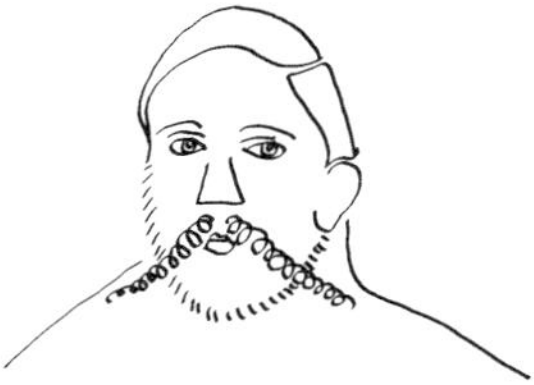

ティコ・ブラーエ

ヨハネス・ケプラー

この年の11月、デンマークの26歳の天文学者ティコ・ブラーエがカシオペア座に金星のように明るく輝く星を見つけました。昼間でも明るく輝き、18カ月もの間、肉眼で見えたといわれます。

この超新星を発見したティコは貴族の家柄に生まれましたが、あるときから天文学に興味を抱き、コペンハーゲン大学やドイツで学んでいました。でも、当時は、天文学と言っても望遠鏡があったわけではありません（ガリレオが初めて望遠鏡を空に向け、月の表面や木星の衛星を見たのは１６０９年のことです）。ティコはとても視力が優れた人物だったと言われ、肉眼でさまざまな天体観測を行い、記録に残しました。この記録が、のちに、ティコの助手だったヨハネス・ケプラーが天文学の基本法則「ケプラーの法則」を打ち立てる基になりました。

こうして、毎日観測に励んでいたためでしょう。ティコは、カシオペア座に明るく輝く星が、それまではその場所になかった新星だと気づいたのです。ティコはこの星の観測を続け、詳細な記録をつけました。それを基に１５７３年には学術書を書いています。

これが、今では「ティコの星」と呼ばれる超新星爆発ですが、もちろん、当時は超新星という現象はわかっていませんでした（コラム「ティコ・ブラーエとケプラー」）。

１６０４年10月には、へびつかい座に超新星が出現しました。今度は、ケプラーがこの超新星を詳しく観測しました。このため「ケプラーの星」とも呼ばれます。

繰り返しになりますが、ティコの星もケプラーの星も私たちの銀河系の中に現れた超新星爆発です。だからこそ、とても明るく輝いて見えたわけですが、30年ちょっとの間に２回と聞くと、超新星の当たり年（当たり時代）だったのかという気がして、なんだかうらやまし

［コラム］ティコ・ブラーエとケプラー

ヨハネス・ケプラーの名前を最初に知ったのは中学生のころだったと思います。担任の先生がお休みで、代わりにやってきた図書室担当の先生が、なぜか「ケプラーの法則」について話してくれたのです。

この時の私の感想は、「ケプラーって天才！」でした。

ケプラーの法則というのは、惑星の動きを示すもので、次の３つからなっています。

「第１法則」 惑星は太陽を一つの焦点とする楕円《だえん》軌道を描いて公転する。

「第２法則」 惑星と太陽を結ぶ線が同じ時間に描く面積は等しい。

「第３法則」 惑星の公転周期の２乗は軌道の長半径の３乗に比例する。

当時、望遠鏡はまだありません。ケプラーは師匠であるティコ・ブラーエが40年間にわたって肉眼で観測した惑星の動きをもとに、この法則を発見したのです。正確な観測記録を残したティコ・ブラーエもさすがですが、ケプラーもよくこんな法則が発見できたものです。

ただ、この師弟関係はそんなに平和なものではなかったのかもしれません。ジョシュア・ギルダーとアン－リー・ギルダーの著書『ケプラー疑惑』によれば、観測データを手に入れるためケプラーがブラーエを毒殺した疑いがある、というのです。

ティコは貴族の生まれで、決闘で鼻の一部をそがれ、生涯金属の義鼻をつけていたといわれます。二人の関係の真偽はわかりませんが、どちらも個性的な人物だったに違いありません。

くなります。

前述したように、1604年のケプラーの超新星以来、400年以上、私たちの銀河系の中で起きた超新星爆発は観測されていないのです。銀河系内の超新星の発生頻度は50年から100年に1度ともいわれているので、もうとっくに起きていてもいい気がするのですが、どうなんでしょうか。

★SN1987A

ここで、1987年2月に大マゼラン星雲に出現した超新星に話を戻しましょう。銀河系の中ではありませんが、ほとんど「銀河系内」といってもいいくらいだというのはお話ししたとおりです。

超新星は英語で「Super Nova」といいます。超新星はその頭文字SNと、出現した年、出現した順番で表します。大マゼラン星雲の超新星は「SN1987A」。1987年の最初に発見された超新星という意味で、2番目はSN1987B、次がSN1987C、Zまで行くと、今度はaa、abとなっていきます。

昔は、肉眼で見える超新星しかありませんから、ティコの星はSN1572、ケプラーの星はSN1604となります。

SN1987Aが現われた大マゼラン星雲は南半球でしか見えないので、私たちには馴染《なじ》みが薄いかもしれません。幸いなことに私はチリにでかけた時に、ぼうっと夜空に浮かぶ姿を肉眼で見たことがあります（ちょっと自慢ですが、もちろん、もう超新星は暗くなっているので見えません）。

SN1987Aが南半球に出現した直後から、日本のカミオカンデには科学者からの問い合わせが飛び込んできました。そのひとつが、米国のペンシルバニア大学の理論家からカミオカンデに滞在していた同僚にあてて送られてきたファックスです。文面はこんな感じでした。

「ニュースだ！　4〜7日前に大マゼラン星雲で超新星爆発が起きた。今、4〜5等ぐらいの明るさで1週間ぐらいで最大光度になるはず。そっちで見えないかな？　これぞ我々が350年間待っていたもの！」

もちろん、「そっちで見えないか？」は、超新星ニュートリノが捕らえられていないか、とたずねているのです。

この時、カミオカンデでは小柴さんが決行した改造がちょうど完了したところでした。観測のじゃまになる水中の放射性物質ラドンによる「雑音」を抑え込み、太陽ニュートリノが観測できるように調整したのです。そして、「カミオカンデ２」として観測を開始したのが1月1日でした。

そこへ、「隣の銀河で超新星爆発！」のニュースが飛び込んできたのです。

超新星が爆発したら、ニュートリノがやってくる。小柴さんのところに問い合わせがきたのは、世界の科学者がそう思っていたからでしょう。太陽ニュートリノのバーコールもすばやく理論計算をし、「日本のカミオカンデなどいくつかの検出器でニュートリノが検出されるはずだ」という予測を3月2日に「ネイチャー誌」に投稿しています。

いったい、どんな仕組みでニュートリノが飛び出してくるのでしょうか。

★超新星からやってくるニュートリノ

太陽のような恒星は水素の原子核が合体してヘリウムになる核融合反応で輝いているということは、第2章でお話しした通りです。ただし、その一生は恒星の質量がどれぐらいかによって変わります。

まず、我らが太陽と同じ程度の恒星を考えてみます。核融合で水素がどんどん反応してヘリウムになり、中心部の水素が燃え尽きるとヘリウムの核ができます。そうすると重力で中心核が収縮して温度が上昇し、再び中心部で核融合反応が進みます。水素からヘリウムができるだけでなく、炭素や酸素もできます。中心部は収縮すると同時に、外側は膨脹し、やがて赤色巨星となります。大きさは、現在の100倍ぐらいに膨らみます。

その後、外側のガスが徐々に宇宙空間に放出されていき、やがて中心核だけが残って、核融合は止まります。この核は青白い光を放つ白色矮星となり、一方、宇宙に放出されたガスは惑星状星雲になります（図3－4）。つまり、太陽程度の重さの恒星は、超新星爆発を起こすことはありません。

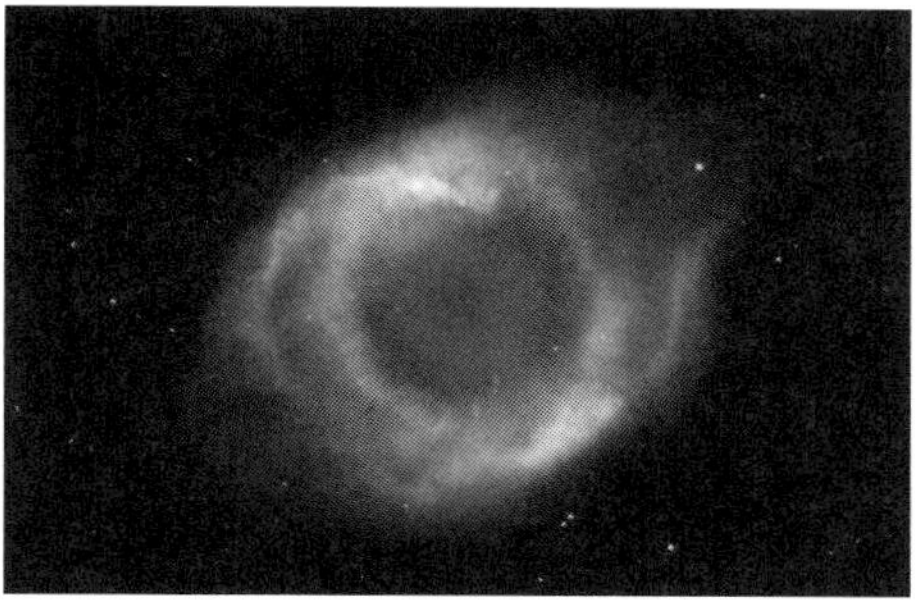

図3－4：惑星状星雲NGC7293　©ESA/Hubble and NASA

太陽の質量より8～10倍以上重い星の場合は、その運命が変わってきます。赤色巨星になるところまでは基本

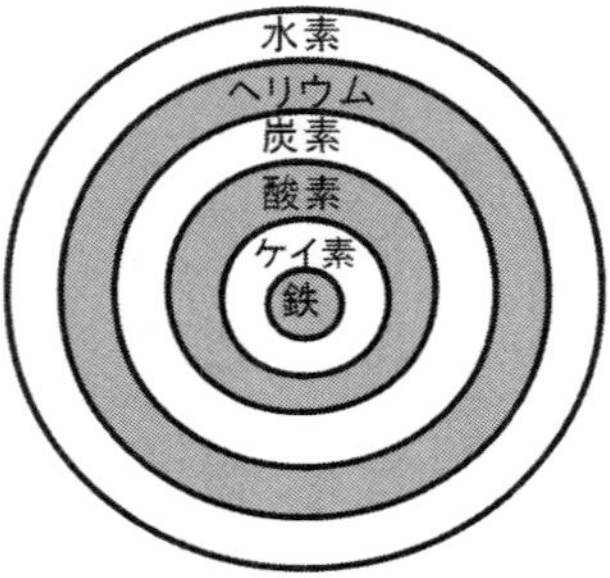

図3－5：赤色超巨星の構造の模式図

的には同じですが、その大きさは巨大で赤色超巨星とも呼ばれます。

　大きな質量の影響で中心部では核融合反応がさらに進み、重い元素が作られます。ヘリウムの核融合で炭素ができ、炭素の核融合で酸素やネオン、マグネシウムができます。さらに温度と密度が高くなると、もっと重い元素ができていき、最後には鉄ができます。その結果、中心に鉄、その外側にケイ素、酸素、炭素、ヘリウム、水素というように玉ねぎのような構造になります（図3－5）。

　鉄はとても安定な元素で、それ以上の核融合は起きませんが、やがて星の重さを支えきれなくなり、重力崩壊が起きます。中心核がつぶれ、その反動で大爆発が起き、星を作っていた物質を宇宙に吹き飛ばします。その時に急激な原子核反応が進んで、金や銀などのさらに重い元素ができ、宇宙にばらまかれます。

　これが超新星爆発です（この爆発は地球に生きる私たちにも深い関係があります。詳しくはコラム「超新星爆発と私たち」で）。

[コラム] 超新星爆発と私たち

原子番号26番。鉄は私たちの生活の中でなんの変哲もない、ありふれた物質ですが、とても重要です。加工しやすくて丈夫。地球上にたくさんあるので、使い尽くすこともありません。

鉄道はもちろん、船や車や橋、ビル、冷蔵庫などの家電製品から、クギに至るまで、鉄製品は身の回りにあふれています。産業の中で製鉄業が重要な地位を占めているのも無理からぬことです。

では、この鉄は元を正すとどこからやってきたのか。宇宙誕生のビッグバンでは水素とヘリウムぐらいしかできなかったはず。と考えると、そうです、恒星の核融合で最後に星の中心にできた鉄が、超新星爆発で宇宙にまき散らされたものが、めぐりめぐって、地球を構成する物質になったのです。

鉄だけではありません。鉄より軽い炭素や窒素、酸素なども、恒星の核融合でできたものだと考えられています。

また、鉄より重い元素は、超新星爆発が起きた瞬間に生じ、これが宇宙にまき散らされたものだと考えられます。

ということは、私たちの身体も、元を正せば超新星爆発でできた元素でできているということになります。

地球上に生命が生まれたのも、こんなに製鉄業が栄えているのも、みんな、元はといえば超新星のおかげ、と思うと、なんだか不思議な気がしてきます。

ジョスリン・ベル

爆発の後には、中性子でできた中性子星か、ブラックホールが残されます。星の重さがとても重いとブラックホール、比較的軽いと中性子星になると考えられます。

中性子星は原子核を構成する中性子がぎゅっと詰まった星です。半径10kmぐらいのところに太陽程度の質量が詰め込まれているので、超高密度です。高速で回転し、周期的な電波（パルス）を出すので「パルサー」とも呼ばれます。

中性子星が最初に発見されたのは1967年、英国ケンブリッジの電波天文台の観測によるものでした。規則正しい電波を発する天体があることに、当時大学院生だった女性天文学者ジョスリン・ベルが気づいたのです。最初は「もしかして、宇宙人からの信号では？」と思われたのですが、その後わかったのは、おうし座のかに星雲の中にあるパルサーが発している電波だということでした。あの藤原定家が『明月記』に書きとめた1054年6月の超新星爆発の名残だったわけです。

この業績で、ベルの指導教官のアントニー・ヒューイッシュは1974年にノーベル物理学賞を受賞しましたが、ベルは受賞からもれました。「ベルがいっしょに受賞してもよかったんじゃないの？」という声は、今でも聞かれます。

星の中心の重さがさらに重いと、超新星爆発の後にブラックホールが残ると考えられています。おなじみのブラックホールは重力が強すぎて、光さえもそこから出てこられない天体です。たとえば、かみのけ座の銀河には超新星爆発の後に残されたブラックホールがあると考えられています。

話がちょっと横道にそれましたが、星が一生の最後を迎え、鉄のコアがつぶれてばらばらになる時に、ニュートリノが大量に放出されます。ニュートリノは他のものとほとんど反応しないので、そのまま星の外に飛び出し、地球にまでやってきます。このときニュートリノが持ち出すエネルギーは、爆発のエネルギーの99％に上ると理論では考えられてきました。

一方、鉄のコアがつぶれ、爆発による衝撃波が星の外側を吹き飛ばし、星の表面から光がでてくるまでには時間がかかります。ですから、光の観測で「超新星爆発だ！」とわかるよりも前に、ニュートリノは地球に到達していると考えられたのです。

★小柴さんの箝口令

「超新星ニュートリノを検出してないか？」という問い合わせを東京の小柴研究室で知った

戸塚洋二さんはカミオカンデで撮りためているデータを「宅急便で東京に送ってくれ」と指令をだします。戸塚さんは小柴さんの直属の弟子で、この時はまだ助教授でした。当時は、リアルタイムでデータを見ていたわけではなく、オープンリールの磁気テープに1週間分ぐらいを撮りためて、東京に運んでから解析していました。

送られてきたデータは2月20〜25日に得られたもので、2月27日の夜から大学院生2人が分析作業に取り組みました。その一人は、今、神岡宇宙素粒子研究の施設長をしている中畑雅行さんです。まずは雑音にじゃまされずに超新星ニュートリノを検出するためのプログラムを作らなくてはなりません。

中畑さんが徹夜で作業した翌28日の早朝、打ち出したプリンターに信号のピークが無事見つかりました。

超新星が光で輝き出すより前の2月23日午後4時35分35秒（日本時間）から十数秒の間に11個のニュートリノがカミオカンデの水中で反応し、その痕跡を残していたのです（詳しくいうと、ニュートリノが水中の陽子とぶつかり、陽電子と中性子が作られ、この陽電子が発するチェレンコフ光を光センサーで捕らえたのです）。

その日はさらに、信号に間違いがないかを確認し、3月2日の朝に小柴さんに報告したそ

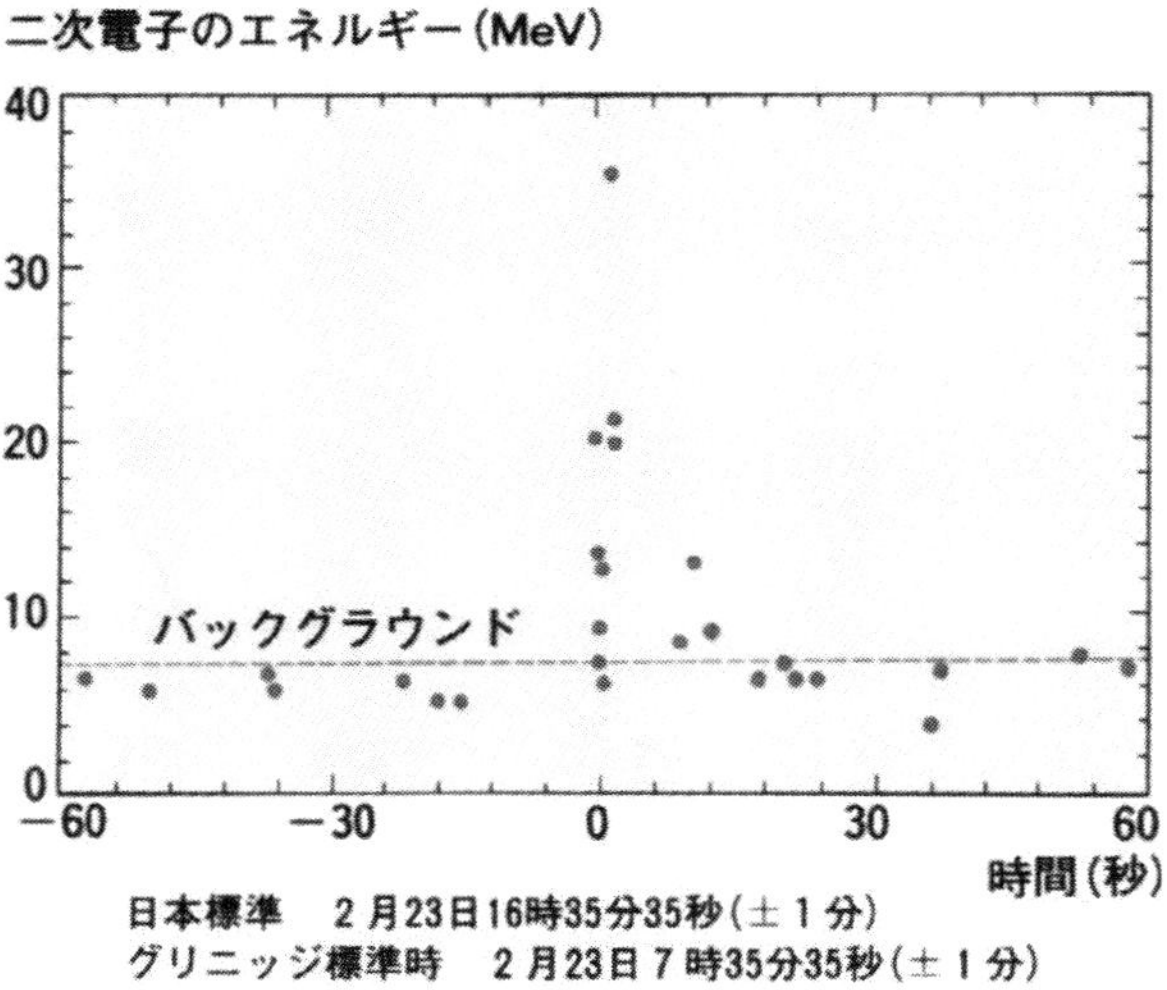

図3−6：カミオカンデで観測した超新星ニュートリノ　提供：東京大学宇宙線研究所

うです。

実は、このとき、カミオカンデに飛び込んできたニュートリノの数は10の16乗個程度だったと考えられています。そのうちのたった11個がカミオカンデの水の中の陽子とぶつかったのです。残りはカミオカンデの水も地球もすり抜けて、あっというまに飛び去ってしまいました（図3−6）。

なんだか、砂漠で米粒を探すような大変な作業に思えますが、太陽ニュートリノの観測に比べると、検出しやすかったようです。それというのも、超新星ニュートリノのエネルギーは太陽ニュートリノのエネルギーよりも2倍ぐらい高く、しかも短時間にピークを作るからです。もちろん、一発勝負のはらはらする作業だったはずですが、「雑音がいっぱいある中で、1週間に1発くらいしかこない太陽ニュートリノを選び出す」というよりは、楽だったということでしょう。

ただ、この時、小柴さんはこのデータをすぐには発表せず、中畑さんらにさらなる解析を命じました。ちょうどそのころ、イタリア・旧ソ連のグループがモンブランの地下に設置した実験装置で「超新星のニュートリノと思われる信号を5個捕らえた」と発表します。

でも、その時間は小柴グループが神岡で信号を捕らえた時間より4時間半ぐらい早い時間帯でした。

ニュートリノが2度にわたって放出されたとは考えられません。どちらかが正しくて、どちらかが間違っているのです。

小柴さんは、自分たちの情報が外に漏れないよう箝口令《かんこうれい》を敷いて、チームで徹底的に調べました。自分たちのデータが間違いないとなったところで、メディアを集めて記者会見したわけです。この箝口令はかなり徹底したものだったらしく、同じ東大理学部にいた理論家、佐藤勝彦《かつひこ》さんが戸塚さんに電話で問い合わせた時も、「解析中」との返事だったそうです。

★誰が最初に見つけたか

結局、モンブランのチームの信号は超新星とは関係がなかったとわかりましたが、小柴チームの論文発表にあたっては、もう一悶着《もんちゃく》あったようです。

ニュートリノ検出ではライバル関係にあった米国の実験施設ＩＭＢのチームの一人が、「自分たちも独自に、超新星からのニュートリノを発見した」と言い出したのです。ＩＭＢはカミオカンデと同じコンセプトで陽子崩壊をめざして作られた水チェレンコフ光検出装置で、五大湖のひとつ、エリー湖の湖岸の鉱山地下に設置されていました。

でも、実際には彼らは、イタリア・旧ソ連チームが「検出した」といっている時間帯を探しても信号が見つからず、カミオカンデの時間帯を漏れ聞いた上で探した結果、信号を見つけたのです。

小柴さんは、このＩＭＢの研究者に「どうやってそっちで信号を見つけたか、オレには全部わかっている」といって、一蹴したそうです（『ニュートリノの夢』という本の中で、自ら紹介なさっています）。歯に衣《きぬ》着せぬ、自信に満ちた物言いが目に浮かびます。

その後、ＩＭＢチームのリーダーの一人、フレッド・ライネスさんが電話をかけてきて、「自分たちの論文には、カミオカンデの時間を知って、そこを調べてみたら信号が見つかったと書くからね」と言ったそうです。

確かに、1987年4月に「フィジカル・レビュー・レターズ」という物理学の権威ある論文誌に発表された当時の論文を見ると、IMBチームの論文の最後の方に、「カミオカンデでの検出の時間を知った後で、その時間を調べて、ニュートリノの信号が見つかった」と書いてあります。また、小柴さんがノーベル賞を受賞した時の解説文にも、IMBグループが1日遅れでカミオカンデの観測を確認した、と書かれています。

IMBチームのライネスさんは、1950年代に同僚のクライド・コーワンさんとともに原子炉からのニュートリノを検出し、ニュートリノの実在を証明した、あのライネスさんです。この時はまだノーベル賞を受賞していませんでしたが、きっと、自分に自信があるからこその対応だったのではないでしょうか。カミオカンデの観測を裏づけたことも重要な成果です。

ただ、後塵《こうじん》を拝したことは悔しかったに違いありません。それを考えると、超新星ニュートリノのピークをあやまたずに見つけ出した中畑さんらは、さすがだったという気になります。

★超新星には1型と2型がある

では、超新星ニュートリノの観測は、何を明らかにしたといえるでしょうか。

さきほど、超新星爆発のメカニズムをお話ししましたが、実はそれは理論です。繰り返しになりますが、理論は観測や実験で確かめなくてはなりません。

結果的に、地球で捕らえられたSN1987Aからのニュートリノは、カミオカンデで検出した11個とIMBが捕らえた8個、それにロシアにあるバクサン観測施設が観測した5個でした。これらのデータから、この超新星爆発でニュートリノが持ち去ったエネルギーを計算することができました。

また、ニュートリノが検出された時間は十数秒間で、鉄の中心核が重力崩壊するのにかかった時間がわかりました。さらに、ニュートリノが検出された時間は、超新星が増光するよりも3時間ぐらい前だったこともわかりました。

これらの観測はいずれも理論と一致していることが確かめられました。つまり、超新星ニュートリノの観測は超新星爆発が理論通り重力崩壊で起きたこと、エネルギーの99%をニュートリノが持ち去ることを裏付けたのです。

こうした計算は世界の理論家が取り組みましたが、地の利を生かしてすばやく分析したのは佐藤勝彦さんのチームです。3月6日から徹夜で解析し、放出されたニュートリノの全エネルギーや、元の星の質量、後に残されたはずの中性子星の質量などを計算し、いち早く公表しました。

佐藤さんらの解析結果は、1975年に佐藤さんが発表した「ニュートリノのトラッピング理論」を確かめることにもつながりました。超新星の芯の部分に一時ニュートリノが閉じ込められ、その圧力によって衝撃波が生じ、超新星爆発が起きるのではないか、という理論ですが、観測ともよく合っていることがわかりました。

それだけではありません。この観測はニュートリノの質量の上限を知るのにも役立ちました。

ちょっと意外なこともありました。

さきほど、超新星爆発が起きるとニュートリノが飛び出すと言いましたが、実は、いつでもニュートリノが出てくるわけではありません。超新星爆発には大きく分けて1型と2型と呼ばれる分類があって、ニュートリノが大量に出てくるのは2型です。恒星の進化の最終段階で鉄の芯ができて、重力崩壊を起こして、というのは2型の話です。

1型はどういう仕組みかというと、白色矮星の近くに赤色巨星があって、連星をなしてい

［コラム］「宇宙の灯台」と超新星

2011年のノーベル物理学賞を受賞したのは「宇宙の加速膨張」を明らかにした米国の2チームでした。

私たちの宇宙が膨張を続けていることは1929年に米国の天文学者エドウィン・ハッブルが発見しています。遠くにある銀河ほど、地球から速いスピードで遠ざかっているという観測から発見したのです。それまで「宇宙は膨張したりしないよ」と信じていたアインシュタインは、自分の方程式に小細工をしてまで、宇宙を静止させていたので（もちろん方程式の上で)、この発見に「しまった！」と思ったようです。

ただ、ハッブルの発見は、それだけでは不十分でした。宇宙がどれぐらいの膨張率で膨らんでいるのか、やがて膨張は止まって縮み始めるのか、それとも永遠に膨張を続けるのか。宇宙の運命を知るには、もっと現代的な観測が必要でした。

そこで、米国の2チームが利用したのが「Ｉａ型」と呼ばれる超新星です。この超新星には「一番明るくなった時の明るさがどれもだいたい同じ」という特徴があります。同じ明るさの電球を宇宙にちりばめたのと同じで、「暗く見えれば遠くにある」とわかるので、天文学者にとっては好都合です。このように、距離の手がかりになる天体を「宇宙の灯台」と呼びます。さらに超新星が地球から遠ざかっている速度は、波長のずれによってわかります。これらの観測をあわせてわかったのが、「宇宙の膨張は加速している」ということでした。

加速のアクセルを踏んでいるのは、正体不明の「暗黒エネルギー」です。宇宙がこんなことになっているなんて、アインシュタインならずとも、びっくりな話です。

る場合に起きます。太陽のような星の最後の姿である白色矮星は、小さくて中身がぎっちりつまっているので重力が大きく、赤色巨星の表面のガスをどんどん吸い込みます。白色矮星が大きくなって、太陽の質量の約1・4倍にまで達すると、中心部で核融合が進み、暴走を起こして大爆発します。この時にはニュートリノは出てきません（コラム「「宇宙の灯台」と超新星」）。

このことから、大マゼラン星雲に出現した超新星SN1987Aは2型の超新星爆発だったと考えられます。

ところが、その観測データは普通の2型とは違ったのです。その後の観測で明らかになったのは、元の星が赤色超巨星ではなく、青色超巨星だったということでした。色が青いということは、赤色巨星に比べて、温度が非常に高いということです。どうやら、もとは赤色超巨星だった星が、爆発よりちょっと前に収縮し、青色超巨星に変わってから爆発したと考えられています。

ハッブル宇宙望遠鏡の観測では、さらに劇的な現象が発見されました。爆発した恒星の周りには直径約1光年のリングがあって、1997年からそこに明るいスポットが現れ出したのです。最初ひとつだったスポットは、だんだんと増えていき、超新星爆発から20年目の2

007年には、まるで真珠の首飾りのように明るいスポットがつらなる様子が撮像されています。

このリングは、爆発が起きる約2万年ほど前に、この星が宇宙空間に残したガスだと考えられています。そこに、超新星爆発で生じた衝撃波がぶつかって、明るく輝いているのです（図3－7）。壮大な宇宙のダイナミズムを感じます。

図3-7：超新星SN1987Aのその後　©ESA/Hubble and NASA

★ベテルギウスが超新星爆発したら

1987年の超新星はなんともエポックメイキングなできごとでしたが、超新星ニュートリノを観測する試みは、これで終わったわけではありません。SN1987Aは、すぐお隣の銀河に出現しましたが、超新星の出現確率を考えると、いつ私たちのこの銀河で爆発が起きてもおかしくありません。

もし、銀河系内で起きれば、今度はスーパーカミオ

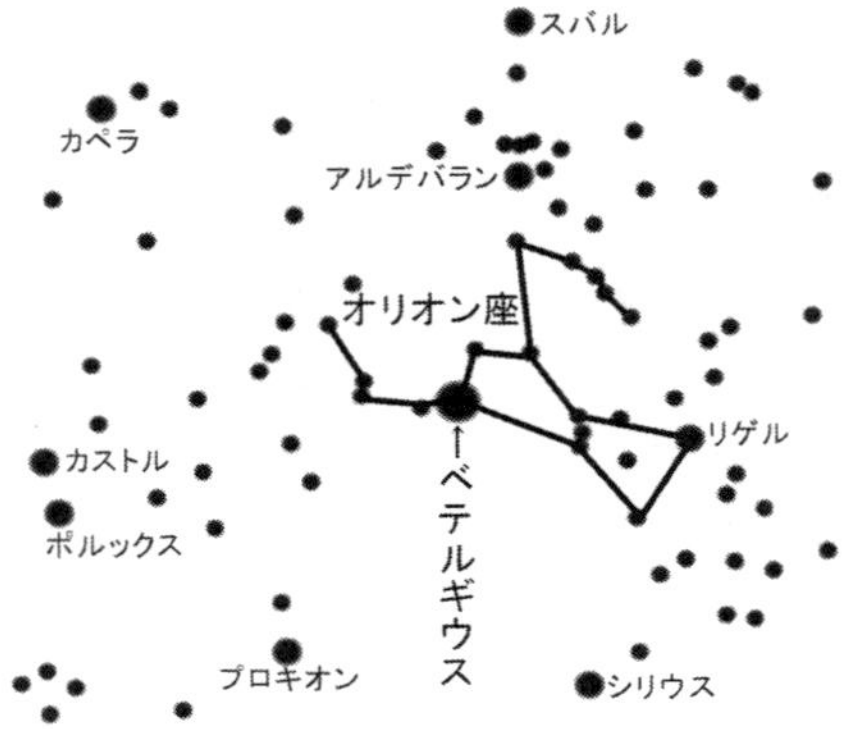

図3－8：オリオン座のベテルギウス

カンデがカミオカンデよりはるかにたくさんのニュートリノをキャッチすると予測されています。もし、銀河系の中心部で起きれば、8000個ものニュートリノが検出できると見込まれています。その観測からは、超新星爆発のメカニズムについて、さらに詳細なデータが得られるはずです。

いつ起きてもおかしくないので、スーパーカミオカンデは1年365日1日24時間、常にスタンバイ状態です。超新星爆発らしい信号が見つかったら、まず、国際ネットワークに知らせます（他の国で信号が見つかった場合も、同じようにこのネットワークに情報が送られてきます）。スーパーカミオカンデは、ニュートリノがやってきた方向がわかるという優れものなので、これを詳しく分析してから、1時間以内にニュートリノの数や方向などの情報を世界に発信する、という段取りです。

爆発の光が地球にやってくるのはこの後ですから、「超新星ニュートリノ検出」の発表は、「超新星爆発予報」ということにもなるでしょう。

たとえば、ここ数年、オリオン座のベテルギウスが、もうすぐ超新星爆発を起こすのではないかと言われています。天文ファンならずともよく知られているオリオンの右肩にあたる赤い星です（図3－8）。遠さは約600光年、大きさは太陽の1000倍、質量は太陽の20倍といわれますから、本当に巨大な恒星です。その赤さが示すように赤色超巨星になっていて、中心部ではすでに鉄ができていると考えられています。

ただ、この「もうすぐ」は、天文学者の方々の「もうすぐ」なので、10万年後かもしれません。でも、もしかすると明日かもしれません。宇宙の年齢を考えると、100年や1000年は一瞬なので、1年後でも1万年後でも「もうすぐ」というわけですが、いずれにしても、いつ起きてもおかしくないと思っていたほうがよさそうです（ベテルギウスまでの距離が600光年であることを考えると、今、この瞬間にも、爆発しているかもしれません。ただし、そこからニュートリノが地球に到達するのは600年後ということになります）。

もし、ベテルギウスが超新星爆発を起こすとどんなことが起きるのでしょうか。超新星の理論家、野本憲一さんに聞いてみました。

まず、光より先にやってくるのは、例によってニュートリノです。これがスーパーカミオカンデの水槽に飛び込んで、1万個近い反応を引き起こします。この反応によってチェレンコフ光が水槽全体を青く光らせます。

それから1日半ぐらいして光がやってきます。光では半月ぐらいの明るさに輝き、その後は除々に暗くなりつつも、3～4年ぐらい肉眼で見えるのではないかと思われます。

その後には、中性子星かブラックホールが残されるでしょう。さらに、超新星残骸も残されます。未来の人々が美しい星雲を楽しむことになるかもしれません。

もうひとつ、期待されるのが重力波の検出です。

アインシュタインが一般相対性理論で予言した現象ですが、未《いま》だに検証されていません。質量をもった物体があるとその周りの時空がゆがみます。第2章で紹介した重力レンズはこの効果によります。物体が運動すると、この時空のゆがみが光速で波のように伝わっていきます。それが重力波です。そして、超新星爆発やブラックホール、中性子星の連星などによって発生すると考えられます。

ニュートリノと同じように、相互作用が小さいので、検出は非常にむずかしいのですが、日本の重力波検出装置「ＫＡＧＲＡ」がスーパーカミオカンデ近くの地下に建設中で、かす

［コラム］重力波望遠鏡〈KAGRA〉

「宇宙線研究所として長年の悲願だった重力波の観測にも力を入れています」。梶田《かじた》さんはノーベル賞決定の記者会見で、こんなふうに語っていました。

重力波って、重力の波？ ちょっとイメージしにくいですが、その存在を1918年に予言したのはアインシュタインです。第2章のエディントンのコラムでご紹介したように、質量を持ったモノがあるとその周りの時空がゆがみます。そのモノが運動すると時空のゆがみがさざ波のように宇宙空間を伝わっていきます。これが重力波ですが、観測するのは至難の業。時空のゆがみはあまりにも小さいからです。

では、どうやってとらえるのか。遠い天体から重力波がやってくると2つの物体の間の距離が伸び縮みします。さらに、こうした距離の変化は直行する2つの方向を考えた場合、片方が伸びるともう片方が縮むという関係にあります。その変化は、地球と太陽の距離を水素原子1個分動かす程度というのですから、ほんとうにわずかな変化です。

KAGRAは、重力波の到来によってゆがむ空間を光が進むとその進路もゆがむ（伸び縮みする）現象を利用して、重力波を捕らえようとしています。直行するL字形のトンネルを作り、その中にレーザー光を発射することによって、直行する光の「干渉」と呼ばれる現象を調べるのです。

重力波がやってくるのは、超新星爆発が起きた時や、ブラックホールができる時など。また、重力波には宇宙誕生初期の情報も含まれていると考えられるので、そのころの様子を知るのにも役立ちそうです。

かな重力波を捕らえる計画が進められています（コラム「重力波望遠鏡〈ＫＡＧＲＡ〉」）。

★卵を抱えて温める

小柴さんは超新星からのニュートリノの観測と、デイビスが長年続けた太陽ニュートリノ観測の結果を裏付けた業績が評価されて、デイビスとともに２００２年のノーベル物理学賞を受賞しました。

定年を目前に控え、カミオカンデをバージョンアップしたちょうどその時に、銀河系の隣で４００年ぶりの超新星爆発が起き、超新星ニュートリノをキャッチしたわけですから、凡人の私たちから見ると「なんてラッキーだったんだろう」という気がします。

でも、考えてみると、ただの幸運でないのは明らかです。

以前にもお話ししたように、小柴さんがカミオカンデを作ったのは、「陽子崩壊」と呼ばれる現象をとらえるのが目的でした。でも、本当に捕らえられるかどうかは賭《かけ》です。そこで小柴さんは、超新星ニュートリノも、カミオカンデで検出できるということを、カミオカンデを建てる時からちゃんと織り込んでいました。

そして、陽子崩壊の検出が難しいと思ったらすぐに、太陽ニュートリノという次の目標に向かって準備したわけです。まさに「幸運の女神は、準備した者のところに訪れる」（ルイ・パスツール）です。

そもそも、ノーベル物理学賞の対象になったのは、超新星ニュートリノだけではありません。太陽ニュートリノで活躍したことが認められたのです。

小柴さんはよく、「いつかこれができたらいいと思う研究の卵を三つ四つ抱えて、温めておくのがいい」という話をします。今はまだ卵でも、いつか時期が来たら孵化《ふか》させることのできる卵です。

梶田さんもノーベル賞受賞が決まって小柴さんと会った時に、「大学院生のころから、小柴先生に卵を持てといわれた」と話していました。

私も、小柴さんがノーベル賞を受賞する前の何年かで、「小柴番」をしていたことがあるので、ご本人から直接、この話を聞いたことがあります（「小柴番」とはつまり、予定の原稿を作ったり、ノーベル賞の季節になるとご機嫌うかがいをしたり、「その日はどちらにおいでですか」と確かめたりすることです）。

卵を温めておく話は、何も研究に限った話ではありません。誰にとっても、参考になる話だと思います。

第4章　大気ニュートリノ振動の発見

★大気ニュートリノが足りない

超新星SN1987Aの出現より1年ほど前、太陽ニュートリノの謎にカミオカンデが取り組み始めたころのことです。ちょっとおかしなことに気づいた研究メンバーがいました。

大学院生の時に小柴昌俊《こしばまさとし》さんの研究室に入り、1986年3月に博士号をとったばかりの梶田隆章《かじたたかあき》さんです。

第2章でお話ししたように、カミオカンデは陽子崩壊の検証をねらって建設されましたが、太陽ニュートリノも観測できることがわかり、検出器のバージョンアップを進めていました（ちなみに、梶田さんの博士論文は陽子崩壊に関するものでした）。

当時、梶田さんが取り組んでいたのは、観測の「雑音」となる大気ニュートリノの影響を取り除いて、カミオカンデの感度を上げることでした。これまでに述べてきたように、素粒子実験でいう雑音は音ではなくて、ホンモノの信号と紛らわしい信号を作り出すもののことです。大気ニュートリノは、陽子崩壊の信号と似た信号を出すので、観測にとってじゃまものだったわけです。

梶田さんはこのじゃまものに着目し、陽子崩壊の信号と大気ニュートリノの雑音をきちんと識別するための新しいデータ解析プログラムを書いていました。プログラムを書き終えたところで、せっかくだからと大気ニュートリノの観測データをコンピュータで走らせてみたのです。すると、その結果が予想と合わないことに気づきました。大気ニュートリノのうちミュー型の数が理論的な予測に比べて不足しているのです。

梶田隆章

プログラムが間違っているのかもしれない。もしかしたら解析のどこかでニュートリノを間違って落としているのかもしれない。そう考えた梶田さんたちは、時間をかけて確かめましたが、やはりニュートリノの数が足りません。
1年以上かけて研究を重ね、チームで書いた1988年の論文には、「ニュートリノ振動の可能性もある」という表現が盛り込まれました。でも、そう簡単に、「それはすごい」と認めてもらえるわけではありません。
実際、当時のことを思い返して、ある物理学者はこんなふうに語ってくれました。

「太陽ニュートリノはともかく、あのころは大気ニュートリノの不足が検出されたとは信じていませんでした。私だけじゃなくて、みんなそうだったと思います」

岐阜県高山市での国際会議で世界の物理学者が大きな拍手で認めてくれるまでには、それから10年かかったわけですが、その道のりをたどる前に、まず、「大気ニュートリノとはどんなものか」から話を始めましょう。

大村智

★宇宙線の発見

2015年のノーベル医学生理学賞を受賞した大村智《さとし》さんは、受賞が決まった時、「微生物に感謝したい」と述べました。大村さんが開発し、アフリカなど途上国で毎年3億人を救ってきた薬は、土の中の微生物が作り出す抗生物質だったからです。

「梶田先生は誰に感謝したいですか？」

大村さんの受賞が決まった翌日、梶田さんのノーベル物理学賞受賞決定の記者会見で、ある記者がたずねました。それは答えにくいだろうなと思っていたら、梶田さんはにこやかに笑って、こんなふうに答えていました。

「まずニュートリノ。それから宇宙線」

ニュートリノはともかく、なんで宇宙線？と思った人は多かったのではないでしょうか。宇宙線とニュートリノの関係は、いったいどうなっているのでしょう。

宇宙線と聞いて多くの人が思い浮かべるのは「飛行機に乗ると宇宙線を浴びる」ということかもしれません。宇宙線は別の言い方をすると放射線でもあります。東京とロンドンを往復すると宇宙線による被ばく量はこれぐらい、といったデータを見聞きするのはそのためです。特に、3・11の原発事故以降、放射線被ばくの例としてよく見かけるようになった気がします。

宇宙飛行士が宇宙を旅する時も宇宙線を多く浴びます。宇宙開発航空研究機構（JAXA）によると、国際宇宙ステーション（ISS）に滞在している宇宙飛行士は、地上で半年間に受ける放射線量を1日で被ばくしてしまうのだそうです。宇宙飛行士が比較的短期間で引退してしまうのも、被ばくしてもいい宇宙線の上限が決まっていることと関係がありそうです。

では、この宇宙からやってくる放射線の正体はなんなのでしょうか。梶田さんが所長を務める東大宇宙線研究所のホームページを見ると、こんなふうに書いてあります。

「宇宙線とは、宇宙空間を高エネルギーで飛び交っている極めて小さな粒子のことをいいます。地球にも多くの宇宙線が到来しており、大気に衝突して大量の粒子を生成し、地表に降り注いでいます」


この宇宙を飛び交う高エネルギーの粒子は、今でこそ物質を構成する原子核や素粒子だとわかっています。もっと詳しくいうと、宇宙からやってくる宇宙線のうち9割は水素の原子核(つまり陽子。水素の原子核に中性子はありません)、1割弱がヘリウムの原子核(つまり陽子2個と中性子2個)、残りが鉄などヘリウムよりも重い原子の原子核と、何種類かの素粒子です。

これらの粒子が大気と反応してさらに多数の粒子をつくり出します。

でも、こうした宇宙線の正体が明らかになるまでには、それなりの時間がかかりました。

宇宙線発見の歴史は100年以上前にさかのぼります。

1895年、ドイツの物理学者ヴィルヘルム・レントゲンがエックス線を発見、翌86年にフランスの物理学者アンリ・ベクレルが自然界にあるウラン化合物がエックス線に似た放射線を出していることを発見しました。ウラン鉱物を机の引き出しに入れておいた、あのベクレルです（今でも、放射能の単位としてベクレルが使われているのはそのためです）。

その後、フランスの物理学者マリー・キュリーと夫のピエール・キュリーがウラン以外にも放射線を出す物質があることを突き止め、1898年にはラジウムとポロニウムを発見しています。

つまり、20世紀が幕を開けるころには、地上の物質が出す放射線の存在が明らかになっていたということになります。

マリー・キュリーらの発見を受けて、科学者は地球上のさまざまな場所で放射性物質を探しました。海で、地下深くで、高い山の上で、さまざまなところで測定しましたが、どんなところへいっても放射線は観測されました。しかも、いろいろ工夫してもその影響を消すことができないほど強力なのです。

どうやら、地上の放射性物質以外に、別の放射線源があるのではないか。そう考えた科学者たちは、地球の外に答えを見つけようとします。地球から離れるにつれて放射線は減るのか増えるのか。それを確かめようとエッフェル塔に上って実験した人もいましたが、謎は解けません。

そんな中で、オーストリアの科学者ビクトール・ヘスは気球を飛ばして上空の放射線を測定することにしました。1911年から12年にかけて、自分で調整した観測機器を積んで、たくさんの気球を地上から5000メートル以上の高さまで飛ばしてみました。

ビクトール・ヘス

当時の写真を見ると、自分自身も気球のゴンドラに乗り込んで観測を行っていたようですから、なかなかの冒険です。

ヘスが観測していると、放射線は高度1000メートルぐらいのところから増加に転じることがわかりました。高さ5000メートルのところでは地表の数倍にも達したのです。この観測結果を得たヘスは「宇宙から大気を突き抜けてやってくる非常に透過性の高い未知の放射線がある」と結論付けました。これが、宇宙のあらゆる方向からやってくる宇宙放射線、すなわち宇宙線の発見でした。

いったい、この宇宙線の発生源は何なのか。1912年4月12日、欧州で日食が起きました。ヘスはこの時をねらって気球を飛ばし、高度2000〜3000メートルのところで放射線を測定してみました。でも、太陽が地球に隠されても放射線量は変わりません。それだけでなく、昼でも夜でも放射線量は変わりません。そこでヘスは「太陽は宇宙線の発生源ではない」と結論づけました。

でも、ヘスのこの発見は、最初のうちはやっぱり信じてもらえませんでした。ヘスが宇宙線を発見した業績でノーベル賞を受賞するのは、最初の発見から四半世紀を経た1936年の話になります。

★空気シャワー

さらに、1938年にはフランスの物理学者ピエール・オージェが新たな現象を発見します。地上近くで観測されている宇宙線は、遠い宇宙からやってくる高いエネルギーの宇宙線が、地球の大気と反応することによって新たに作り出されたものだということです。

前に述べたように、宇宙からやってきた宇宙線の大部分は水素の原子核（陽子）で、ヘリウムの原子核が1割弱、それ以外に重い原子核と素粒子が含まれています。これらの粒子は非常にエネルギーが高いので、地球の大気に含まれる窒素や酸素などの原子核とぶつかって、そこから新たな粒子が生じます。

その粒子がさらに別の原子核と反応して別の粒子が生じるというように、連鎖的な反応が次々と起きます。その結果、数十キロメートルの高度より下では、宇宙からやってきた宇宙線よりも多くの粒子が観測されることになります。

この連鎖反応を専門家の方々は、「空気シャワー」と呼びます。宇宙線が大気中の原子核とぶつかったところを基点に、たくさんの粒子や放射線が生まれて、まるでシャワーのように地上に降り注ぐからです。科学者たちがよく用いる空気シャワーの図を見ると、線香花火のようにも見えます。

また、遠い宇宙からやってきた宇宙線を「一次宇宙線」、地球の大気と反応してできる宇宙線を「二次宇宙線」と呼んで区別します。

二次宇宙線、すなわち空気シャワーの中に含まれる粒子は、１９３０年代から50年代にかけて次々と発見されました。また、どのような反応でシャワーができていくのかもわかるようになりました。この中にニュートリノができる反応も含まれています。

歴史的にみると、宇宙線の研究は素粒子物理学と切っても切れない関係にあります。

ヘスが気球に乗って宇宙線を発見した後、１９３２年にはアンダーソンが霧箱という装置を使って宇宙線の中に陽電子を発見します。陽電子はイギリスの理論物理学者ディラックが存在を予言していた電子の反粒子で、反粒子の発見はこれが初めてでした。

1937年にはミュー粒子が宇宙線の中に発見されます。これを見つけたのはまた、アンダーソンです。発見当時は、1935年に湯川秀樹が予言したパイ中間子だと思われましたが、どうも性質があわず、別の粒子だと結論づけられました。

1947年、今度は湯川の予言通りにパイ中間子が宇宙線の中に発見されます。原子核の中で陽子同士を結びつける粒子として予言されていたもので、クォークと反クォークでできています。発見したのはイギリスの物理学者セシル・パウエル、イタリアの物理学者ジュセッペ・オッキャリーニ、ブラジルの物理学者セザーレ・ラッテスです。彼らは原子核乾板と呼ばれる素粒子撮像フィルムをアンデスの高い山に持って行ったり、気球に乗せたりして検出しました。

そういえば、このオッキャリーニさんという名前には聞き覚えがあります。カミオカンデを作った小柴さんの話に必ず登場する人物です。まだ30代の小柴さんがシカゴで研究していたころ、このオッキャリーニさんと自宅でお酒を飲みながらいろいろな話をしたそうです。その時の話が後に小柴さんがカミオカンデを着想するきっかけになったのだそうです。研究者同士の雑談は大事、ということでしょうか。

同じ1947年にK中間子も宇宙線の中に発見されています。発見したのはイギリスの物理学者ジョージ・ロチェスターとクリフォード・バトラーです。

素粒子物理学者はこの世界を限られた基本的な素粒子だけで説明しようと思って分析を続けてきました。それなのに、なんだかどんどん素粒子らしきものが増えてしまって困惑していたのがこのころです。

予言もされていないミュー粒子が発見された時には、ちょうど中華料理屋で食事をしていた理論物理学者のイジドール・ラビが「誰がそんなものを注文したんだ！」と言ったという逸話が伝わっています。

でも、今では、パイ中間子やK中間子は素粒子ではなく、2つのクォークでできていることがわかっています。ラビも、そう目くじら立てる必要はなかったということかもしれません。

というわけで、宇宙線は素粒子研究と深く関わってきたわけですが、そもそも、その大元である一次宇宙線はどこで生まれているのでしょうか。その後のさまざまな観測からわかったのは、太陽系よりももっと遠い宇宙に発生源があることでした。ただ、実をいうと、今でもまだどこでどうやって宇宙線が生まれているか、完全にはわかっていません。超新星や恒星がひとつの発生源だと思われています。

★宇宙線と大気ニュートリノ

お待たせしました、ここでようやく、大気ニュートリノのお話です。

空気シャワーの話に出てきたように、彼方《かなた》からやってくる一次宇宙線が地球の大気と反応すると、ミューニュートリノと電子ニュートリノができて、地上に降ってきます。これが大気ニュートリノです。

反応を詳しくみると、まず、地球に飛び込んできた一次宇宙線が、大気中の窒素や酸素などの原子核とぶつかって大量のパイ中間子を作ります（湯川秀樹が予言した粒子です）。パイ中間子はさらにミュー粒子とミューニュートリノを生成します。ここで生じたミュー粒子は、さらに電子（または陽電子）と電子ニュートリノとミューニュートリノになります。パイ中間子は、またガンマ線を出して電子・陽電子を生じさせたりもします。この反応をたどるとわかるのですが、パイ中間子1個の反応につき、ミューニュートリノが2個、電子ニュートリノが1個できます。1回の反応につき、「ミューニュートリノ 対 電子ニュートリノ」＝

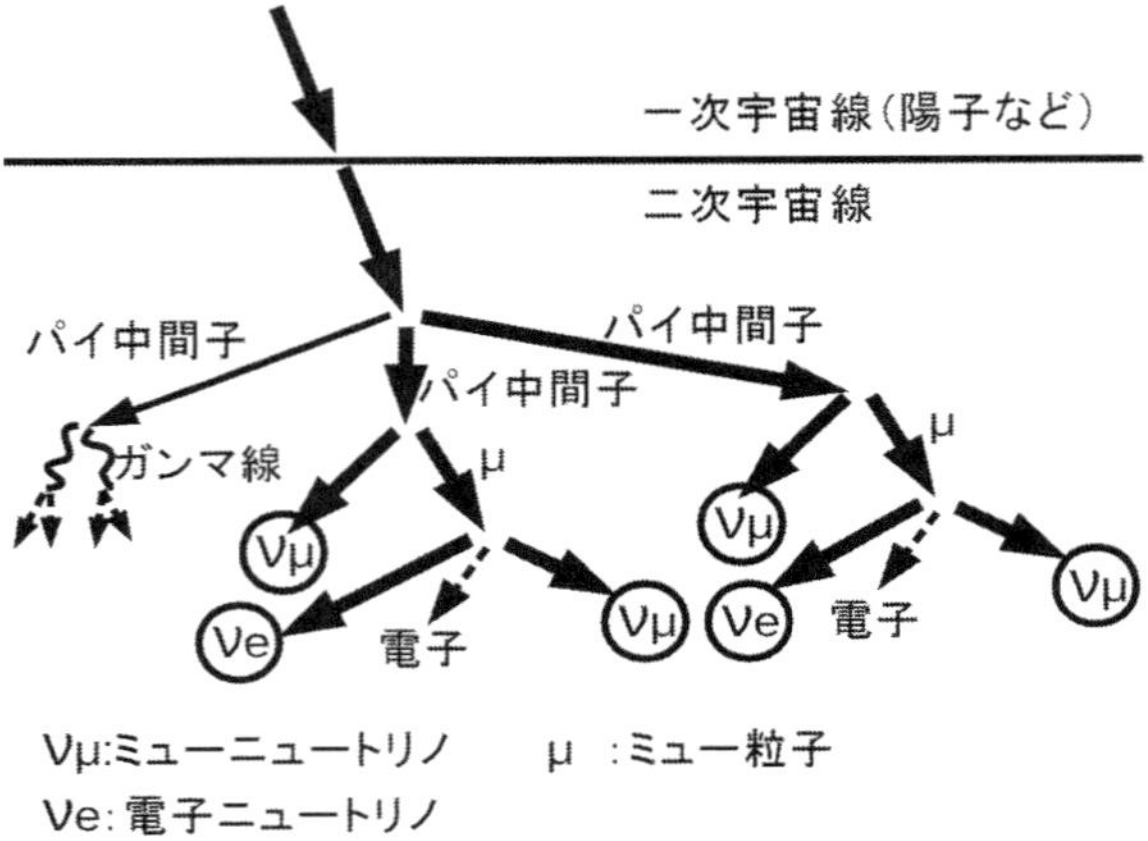

図4－1：空気シャワーとニュートリノ

「2対1」ということです（図4－1）。

電子ニュートリノの存在自体は、これまでにもお話ししてきたように、1956年にライネスとコーワンによって原子炉の実験で発見されています。ミューニュートリノは1962年に加速器での実験で発見されました。

そして、大気ニュートリノが初めて観測されたのは1965年、インドの鉱山の地下と南アフリカの鉱山の地下で行われた実験でした。大気ニュートリノの一つの成分であるミューニュートリノから生成したミュー粒子を捕らえたのです。

インドでの実験は日本のグループが主導していました。大阪市立大学の三宅三郎さんのチームとインドのタタ研究所などが協力し、インドのデカン高原にある鉱山の地下で大気中で生まれたニュートリノを捕らえたのです。

カミオカンデの実験で初めのころ梶田さんが「雑音」として扱っていたのが、この大気ニュートリノの反応で、バックグラウンド（背景）とも言われます。つまり、背景に存在していて、本来のねらいである信号（この場合だったら陽子崩壊の信号）がその中に埋もれてしまう、という意味です。

1986年、カミオカンデが超新星ニュートリノをキャッチする1年ほど前のこと、梶田さんはこの電子ニュートリノとミューニュートリノの比がおかしいということに気づきました。

さきほどお話ししたように、一次宇宙線が大気と反応するとニュートリノができて地上に降ってきます。カミオカンデにやってきた大気ニュートリノ（電子型とミュー型）は、水中の原子と衝突し、それぞれ電子とミュー粒子をたたき出します。電子もミュー粒子も電気を帯びた荷電粒子で、こうした荷電粒子が超光速で水中を走るとチェレンコフ光と呼ばれる光を発します（水の中では光の速度が遅くなるので、これらの荷電粒子は光の速度より速く走ることができます）。

カミオカンデは、このチェレンコフ光をリング状の飛跡としてとらえるのですが（図4-

2)、電子とミュー粒子では、リングの形が違います。電子ニュートリノによって生じる電子のチェレンコフ光のリングはどちらかといえばぼやっとしていて、ミューニュートリノによって生じるミュー粒子のリングの方がくっきりしているのです（図4－3）。言い換えると、「ちょっと汚いリング」と「きれいなリング」という感じです。

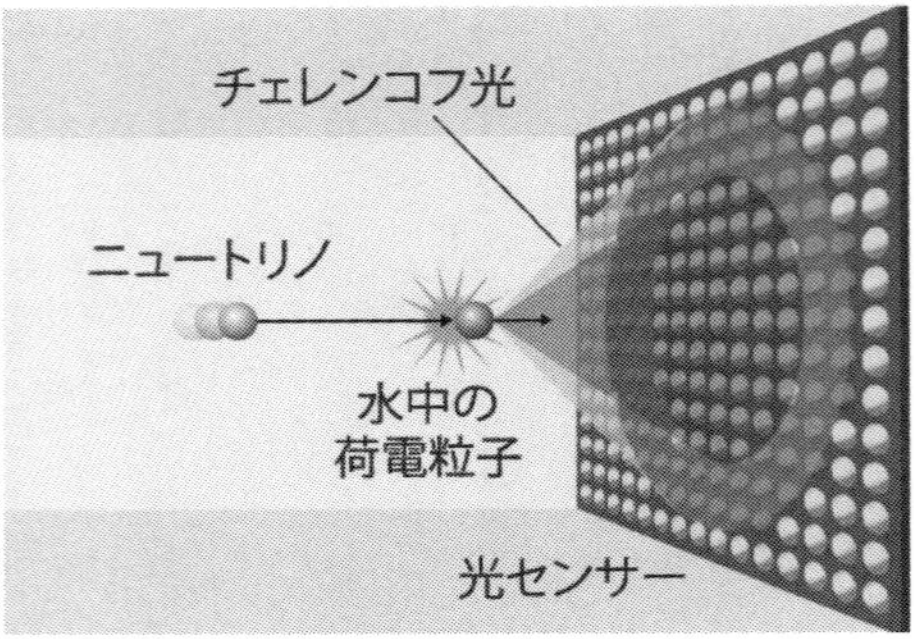

図4－2：チェレンコフ光の模式図　提供：東京大学宇宙線研究所神岡宇宙素粒子研究施設

なぜそうなるかというと、ミュー粒子は一個だけの反応なのですっきりしているのですが、電子ニュートリノの反応はさらに電子や陽電子を連鎖反応で作り出すので（電磁シャワーと呼ばれます）ぼやけるのです。

一方、水中の陽子が崩壊する時にも荷電粒子が水中を走ってチェレンコフ光のリングを生じます。大統一理論が予言する陽子崩壊の反応は、まず陽子が陽電子とパイ中間子に崩壊し、直後にこのパイ中間子が2つのガンマ線に崩壊します。ガンマ線は電子と陽電子に変化します。この時に

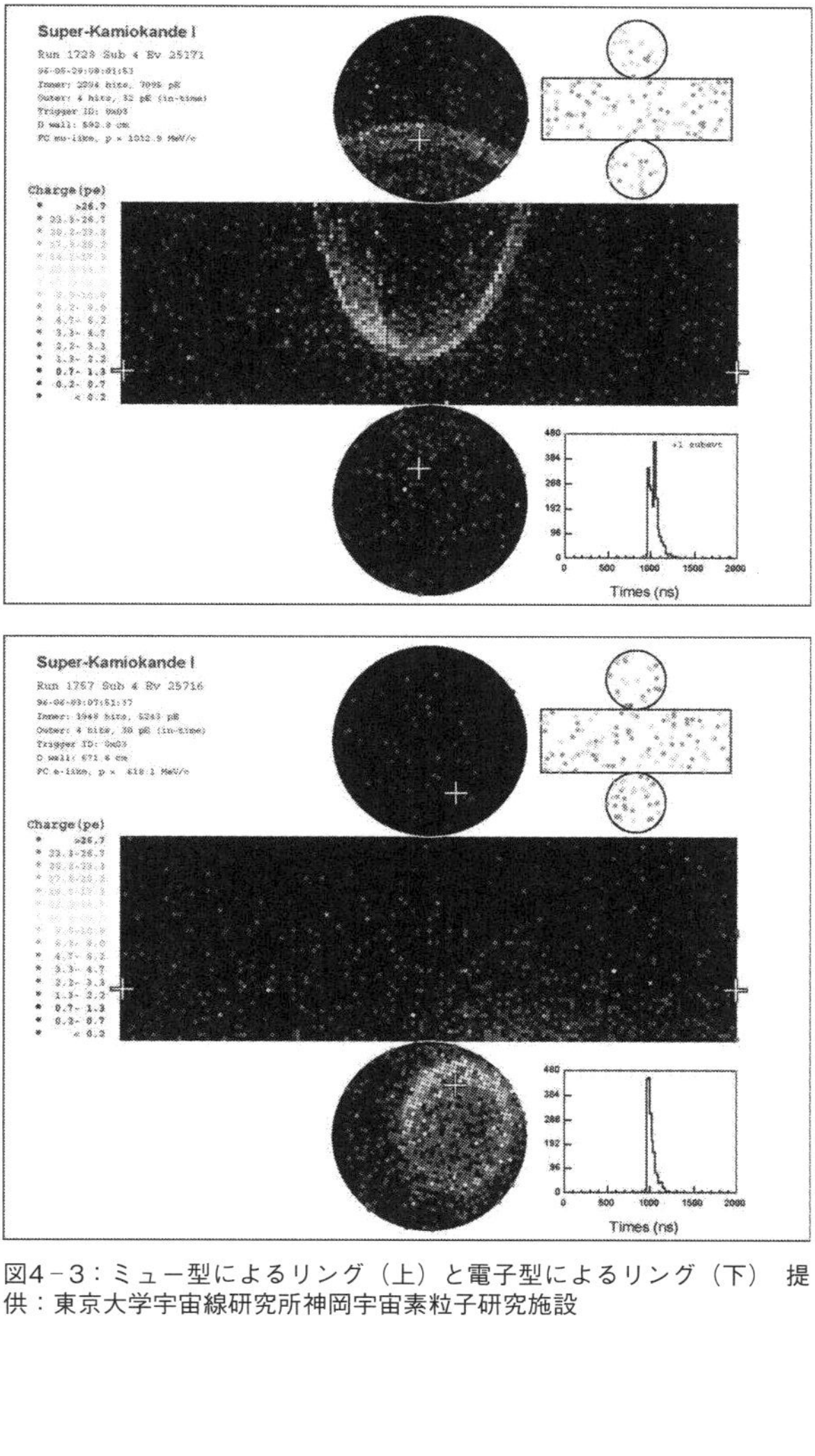

図4－3：ミュー型によるリング（上）と電子型によるリング（下）　提供：東京大学宇宙線研究所神岡宇宙素粒子研究施設

は、電子と陽電子による三重のチェレンコフ光のリングが生じると考えられます。

梶田さんは、陽子崩壊によって生じるリングと、大気ニュートリノによって生じるリングを区別しやすくするために、リングを作った荷電粒子が何であるかを解析するプログラムを開発していました。

1986年の秋頃にはプログラムができて、せっかく作ったのだからテストしてみようと、実際にカミオカンデで観測されたチェレンコフ光のリングにこのプログラムを適用してみました。

すると、電子ニュートリノの数は予測の値とあっているのに、ミューニュートリノの観測数が足りなかったのです。それぞれの予測値には誤差がありますが、ミューニュートリノと電子ニュートリノの比率には誤差はほとんどないはずです。さきほどお話しした反応を考えると「2対1」です。ところが、観測された電子ニュートリノとミューニュートリノの比率は、そこからはずれていたのです。これは予測の誤差とは考えられません。

プログラムにミスがある可能性も考えて、梶田さんは実際に観測データを自分の目で確かめてみました。でも、プログラムに間違いがあるとは思えませんでした。

1年以上確認を重ね、梶田さんのチームは1988年に「フィジックス・レターズ」という物理学の論文誌にこの結果を発表しました。論文の最初に書かれたサマリーは、こんな感じです。

私たちは277個の反応をカミオカンデで観測した。電子様の反応は、大気ニュートリノの反応に基づくモンテカルロ法による計算結果とよく合致していた。一方で、ミュー粒子様の反応は、モンテカルロ法の予測値の約60％だった。これが、検出器の効果によるものなのか、大気ニュートリノの不確実性によるものなのか、説明できない（モンテカルロ法とは、測定器で観測されるはずの事象をシミュレーションする手法のことです）。

おおざっぱに言えば、電子ニュートリノの反応数は予測値にあっているのに、ミューニュートリノの反応数は予測値の6割しかなかった、電子型の数は足りているのにミュー型の数が足りない、というわけです。

そして、論文の一番最後には次の一文が付け加えられました。

「ニュートリノ振動のような、まだ説明のつかない物理によって説明できるかもしれない」。

とてもひかえめな表現ですが、これが、ニュートリノ振動の本格的な謎解きの始まりでした。

★地球の裏から飛んでくると

実は、このころ、カミオカンデ以外にも大気ニュートリノを観測していた実験があります。ひとつは、カミオカンデと同様に、大量の水とチェレンコフ光の検出装置を使ってニュートリノを検出していた米国のＩＭＢのチームです。１９８７年にマゼラン大星雲で超新星爆発が起きた時に、カミオカンデより後にニュートリノを検出し、カミオカンデのデータを裏付けることになった、あのＩＭＢです。

残りの２つはまったく別の方法で検出をめざしていました。モンブランの地下とフランスとイタリアを結ぶトンネルの地下に、スチールを使った検出装置を設置していた２グループです。

１９９1年になるとＩＭＢも「大気ニュートリノ異常」を示唆するデータを出し始めました。１９９2年になると、カミオカンデがさらなるデータを分析し、ニュートリノ振動がありうることを示しました。

カミオカンデとＩＭＢは競うようにデータを重ね、どちらも大気ニュートリノの不足を検出しました。ただ、別の方法で検出に取り組んでいる２つの実験ではニュートリノの不足が検出されず、まだみんなが信じるまでには至りません。

そのころ梶田さんがさらなる証拠を求めて進めていたのは、上からくる大気ニュートリノと、下からくる大気ニュートリノを比較することでした。

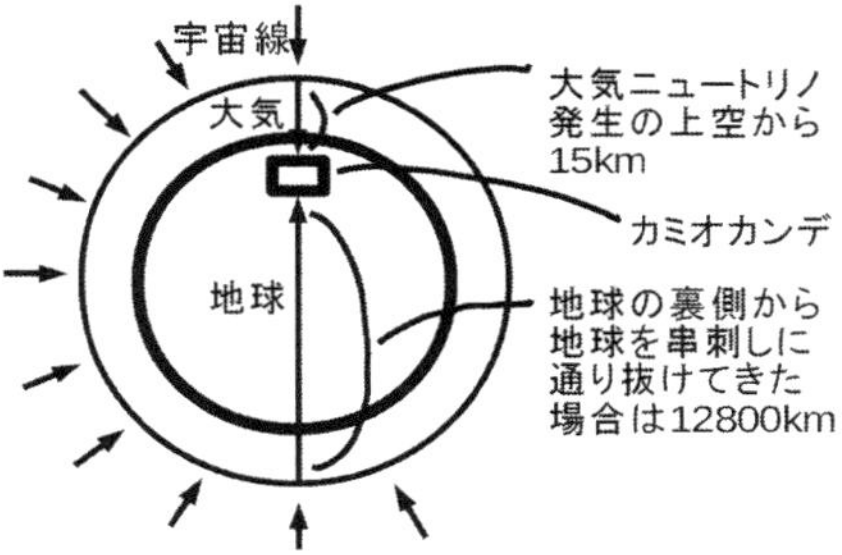

図4－4：大気ニュートリノ

大気ニュートリノは地球を覆っている大気中で同じように作られます。このためニュートリノ振動がなければ、上からも下からも、同じ数のニュートリノがカミオカンデに飛び込むと考えられます。地球の中を通ってくる時にニュートリノが減る効果はとても小さいので、無視することができます。

一方、ニュートリノ振動があると、どうなるでしょうか。繰り返しになりますが、大気ニュートリノは地球の大気で生まれるので、上からやってくるニュートリノはカミオカンデに到着するまでに15キロメートルぐらいの距離を飛行してくることになります。一方、地球の裏側から地球を通り抜けてやってくるニュートリノは1万2800キロメートルほどを飛行してきます。

そして、15キロメートル飛んだくらいではニュートリノは振動しないけれど、地球の裏側から飛んでくる間には振動が起きている可能性があると思われました（図4－4）。

その結果、カミオカンデで観測すると、上からやってくるニュートリノの数はそのまま、下からやってくるニュートリノは振動している分だけ少ない数が観測されると考えられるわけです。

★もう一度ニュートリノ振動

ここで、ニュートリノ振動について、もう一度おさらいです。

ニュートリノ振動というのは、3種類あるニュートリノが空間を飛行している間に、別の種類のニュートリノに「変身」し、また元に戻る現象のことでした。

たとえば、大気中でできるミューニュートリノが長距離を飛ぶ間にタウニュートリノになり、しばらくするとミューニュートリノに戻るという「変身」を繰り返すということです。

第2章でお話ししたように、この現象の背景にある考え方は量子力学です。量子力学では、ニュートリノのような素粒子には、粒子としての性質と波としての性質の両方があると考え

［コラム］シュレディンガーの猫

オーストリアの理論物理学者エルヴィン・シュレディンガーは電子が波としても振る舞うことを表す波動方程式を打ち立て量子力学の発展に大きな貢献をした人物です。彼が1935年ごろに考え出した有名な「シュレディンガーの猫」と呼ばれる思考実験があります。

まず、1匹の猫を放射性物質とガイガーカウンター、これと連動したハンマーと青酸ガスの小瓶とを一緒に箱の中に入れます（思考実験とは、頭の中で考えるだけの実験なので、本当に猫を用意する必要はありません）。放射性物質の原子核が1時間の間に崩壊する確率は5割だとします。原子核が崩壊するとガイガーカウンターが鳴って、それと連動しているハンマーが青酸ガスの小瓶をたたき割る、という仕組みです。

1時間後に箱をあけるとして、原子核が崩壊している確率は五分五分なので、猫が生きているかどうかも五分五分ですが、普通の感覚では箱をあける前に猫の生死は決まっていると思いますよね？

でも、量子力学では原子核は崩壊した状態と崩壊していない状態の「重ねあわせ」で、猫も蓋をあけるまでは生きている状態と死んでいる状態の「重ねあわせ」だという考え方があるのです。なんとも不思議な考え方で、シュレディンガーがこの思考実験を考えたのも、「そんな考えはおかしいだろう」と主張するためでした。「箱をあけてみるまで決まらない」を主張したのはニールス・ボーア一派でしたが、軍配はボーアに上がったと考えられているようです。

ます。

従って、量子力学では、粒子は波のように複数の状態が重なり合って存在していると考えます（この不思議な考え方についてはコラム「シュレディンガーの猫」で）。

ニュートリノも粒子であると同時に、波の性質も持っています。しかも、量子力学に従うと、3種類のニュートリノ（電子型、ミュー型、タウ型）は、それぞれ3種類の質量（m1、m2、m3）に応じたニュートリノが重ねあわさった状態にある、と考えるのです。

ここでややこしいのは、電子型の質量＝m1というわけではない、ということです。量子力学に基づけば、ニュートリノには「電子型、ミュー型、タウ型」という分類と、3種類の質量に応じた「ニュートリノ1、ニュートリノ2、ニュートリノ3（これをν1、ν2、ν3とします）」という分類の仕方の2通りがあって、電子型も、ミュー型も、タウ型も、それぞれ「ν1、ν2、ν3」がある割合で混合した状態にある、と考えるのです。

「どういうこと？」と頭をひねってしまいますが、それが量子力学だと思ってください（νは、α、βなどと同じギリシア文字で、ニュートリノの英語の頭文字のnを表します）。

ニュートリノを観測した時には、電子型、ミュー型、タウ型のいずれかの決まった型として観測されます。この型の違いを専門家の方々は「フレーバー（香り）」と呼ぶので、言ってみれば3種類の香りのどれかとして観測されるということです。

でも、ニュートリノが飛行している時は、3種類の質量に応じたν1、ν2、ν3の波が重なり合った状態だと考えるのです。飛んでいる間は、どの香りなのかわかりません。観測した時に初めて、どの香りかが決まります。

たとえば、大気中でパイ中間子からミューニュートリノができる、というお話をしました。観測した時は「ミュー型」に見えるわけですが、量子力学で考えると「ν1、ν2、ν3」が一定の割合で重ね合わさった状態にあります。

ミュー型が飛行すると、ν1、ν2、ν3の混合割合が変わっていきます。ですから、ある距離を飛んでから観測すると「ν1、ν2、ν3」の混合割合は、最初に観測した時とは変わっているということになります。その結果、一定の確率で別の型として観測されることになります。ある型が別の型に変わる確率は飛んだ距離、ニュートリノのエネルギーによって変わります。

これを、実際の大気ニュートリノの振動で考えると、こんな感じです。

地球の上空の大気でミュー型として生じたニュートリノは、15キロメートル程度飛んでも「ν1、ν2、ν3」の混合割合はほとんど変わらない。なので、大気層から15キロメートル程度のところにあるカミオカンデで観測しても、ミューニュートリノとして観測される。

一方、ミュー型が地球の裏側から1万キロメートルも飛ぶ間には、「ν1、ν2、ν3」の混合割合が変化する。その結果、カミオカンデに飛び込んできて反応する時には、ミュー型として観測される場合も、電子型やタウ型として観測される場合も、一定の確率でありうる。

したがって、ミューニュートリノだけに注目して観測すれば、その数が減っているように見える。

これを、第2章でお話ししたように、「ニュートリノは波でもある」と思って考えると、ν1、ν2、ν3の波が重なり合って、「うなり」を生じるということになります。少しだけ音の高さが違う弦を同時に鳴らした時の、ウワーン、ウワーンという「うなり」です。強め合ったり弱め合ったりしている「うなり」のどこで観測するかによって、最初はミュー型に見えたのに、ある距離を飛んだ後はタウ型に見え、またしばらく飛ぶとミュー型に戻る、ということが起きるのです。これが「振動」です。どの型として観測されるかは確率で決まります。たとえばミュー型とタウ型の振動で考えるとミュー型が一定の距離を飛ぶとミュー型として観測される確率が80%、もう少し飛ぶと50%、さらに飛ぶと20%と減っていって、

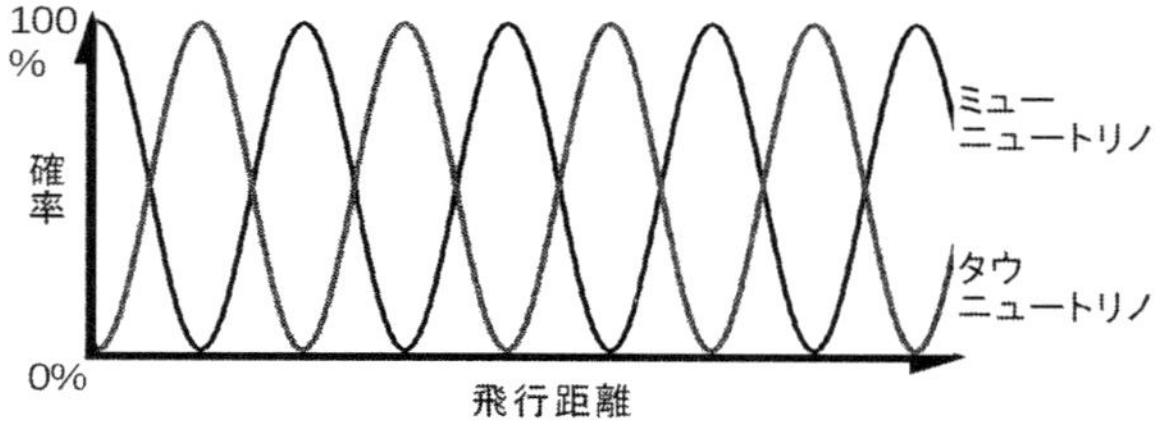

図4－5：飛行距離に応じてミュー型として観測される確率が変わる

あるところからはまた確率が増えていく。一方タウ型として観測される確率は20％、50％、80％と増えていって、また逆に減っていくといった感じです。どこまで確率が減るかは、どの型の間の振動であるかによって異なります（図4－5）。

ここで、カミオカンデの実際の観測に話を戻すと、実際に上からやってくる下向きのミューニュートリノは理論値と変わらないのに、地球の裏から長距離を飛んでやってくる上向きのミューニュートリノは理論値より半分ぐらい少ないというデータが得られました。もし、ミュー型とタウ型の振動が起きているなら減った分がタウ型として観測されてもよさそうですが、カミオカンデはタウ型を捕らえることができないので、決め手となるのはミュー型の減少です。梶田さんらは、その結果を1994年に発表しています。

このデータは、ニュートリノ振動の可能性を高めましたが、まだ、決定打ではありません。観測数が不十分で、間違う恐れをぬぐいきれないのです。

カミオカンデは小さくて、能力不足なのです。

そこで、登場したのがスーパーカミオカンデです。

実は、その構想自体は、カミオカンデが開始した直後からありました。カミオカンデの生みの親である小柴さんは1984年1月にアメリカで開かれた国際会議で「もっと大きな検出器が必要だからいっしょにやらないか」と呼びかけていたそうです。この時は名乗り出るところはありませんでしたが、後に、日本で実際の計画が持ち上がりました。

ただし、費用が約100億円と見積もられていた新装置の建設が、そう簡単に認められるわけではありません。

★スーパーカミオカンデの完成

1991年度の予算でようやく建設が認められ、12月から空洞の掘削が始まりました。装置そのものがほぼ完成したのは1995年11月で、11月11日には完成式典が地下の装置の中で開催されました。

私が初めて神岡をたずねたのは、この式典の時です。

スーパーカミオカンデを運営する東大宇宙線研究所から、地下施設が完成し、水を張る前にプレスに公開するというお知らせがやってきたので、「これは絶対行かなくては」と思ってでかけたのです。

でも、この時はちょっとした失敗をしました。

スーパーカミオカンデの公開は、早朝ではなかったので、前日の夕方まで、「当日の朝早く東京を発っていけばいいや」とのんきに構えていました。ところが、よく調べてみると、飛行機を使っても、列車を使っても、当日の朝に行ったのでは間に合わないことがわかったのです。神岡鉱山は思った以上に遠かったのです。

大慌てで、防寒着や長靴などを社内で借りて、新幹線に飛び乗りました。立ったまま名古屋まで行き、なんとかその日のうちに高山までたどり着きました。

翌朝、記者仲間の車に同乗させてもらい、現地へ向かいました。暗くて湿った道を下り、鉱山地下に入ると、周囲に巨大なガラスの光電子増倍管が張り巡らされた空洞の中は美しく、なんとも不思議な雰囲気だったのを覚えています。

この時に、地下施設で小柴さんや戸塚さん、梶田さんらとお目にかかったのかどうかは、残念ながら印象にありません。

白状すれば、この時に「ニュートリノ振動」を意識していたかどうかも記憶にありません。

当時は、まだ、ニュートリノ振動がそれほど注目されていなかったのだと思います。
でも、この時、梶田さんの頭の中には、今度こそニュートリノ振動の証拠をつかもうという計画があったに違いありません。

★スーパーカミオカンデの仕組み

ここで、スーパーカミオカンデの構造を改めて紹介します。直径39・3メートル、高さ41・4メートルの円筒形の水槽に5万トンの純水を蓄えた装置です。カミオカンデと同じように二重構造になっていて、内側の水槽の周囲には改良を加えた直径20インチの光センサー「光電子増倍管（フォトマル）」が1万1129本取り付けられていました。外側の水槽には直径8インチのフォトマルが1885本ついています。

カミオカンデと同じように、外側の水槽はニュートリノ以外の宇宙線の反応を見分ける役目があり、装置を囲む岩盤からの放射線を遮る効果もあります。外側からやってきたミュー粒子などの反応でチェレンコフ光が生じた場合、外側でも内側でも光るので、ニュートリノではないと判断できます。ニュートリノがどの方向からやってきたかもわかります。

また、カミオカンデで問題になったラドンの濃度をさらに下げて、感度を上げています。

カミオカンデに比べ20倍の水をためているため、ニュートリノの検出効率も上がりました。光センサーの数も増えているので、ニュートリノの反応もより詳しく分析できます。

この世界一のニュートリノ検出装置を使った実験には、世界各国から共同研究者が集いました。米国、韓国、中国、ポーランド、スペイン。かつてカミオカンデのライバルだったIMBの科学者たちも加わりました。この共同研究組織は「スーパーカミオカンデ共同研究」と呼ばれます（梶田さんは、ノーベル賞恒例のカフェの椅子の裏へのサインにも、この「スーパーカミオカンデ共同研究」の文字を入れていました）。

1996年4月、いよいよ、カミオカンデからバージョンアップしたスーパーカミオカンデの本格観測の開始です。梶田さんらはそれまでの蓄積を生かし、大気ニュートリノの謎に切り込みました。

ねらいは、大気ニュートリノの「天頂角分布」と呼ばれる観測です。天頂角というのは、棒を宇宙に向かって垂直に立てたとして、そこからどれぐらい傾いた方向からニュートリノがやってくるかを表す角度です。この角度に応じて、飛来するニュートリノの数がどう変化するかを観測し、振動がない場合の理論や、振動がある場合の理論と比べてみることにしたのです。

スーパーカミオカンデは1日に約8個の大気ニュートリノを観測し、1997年夏までにはかなりのデータがたまりました。その結果から、上からくるニュートリノと下からくるニュートリノの数が違う可能性がますます高まりました。

1998年の春には535日の間に検出された大気ニュートリノの数は約4600個となり、さらに確度の高い分析が行われました。

その結果、ミューニュートリノが上から下向きにやってくる時には理論計算と一致しているのに、地球を通り抜けて下から上向きにやってくる時には理論計算の半分程度に減っていることが明らかになったのです。天頂角に応じたミューニュートリノの減少の様子（言い換えるとニュートリノの飛距離に応じた減少の様子）は、ニュートリノ振動が起きていると仮定した場合の理論計算にもとてもよく合っていました。

一方、電子ニュートリノの観測数は、上からくるものも下からくるものも、理論の予測値とよく合っていました。

つまり、地球の裏側から長距離を旅してきたミューニュートリノは数が減っている一方、電子ニュートリノの観測数は変わっていなかったのです（図4-6）。

ここから、スーパーカミオカンデでは、ミューニュートリノがタウニュートリノに変身す

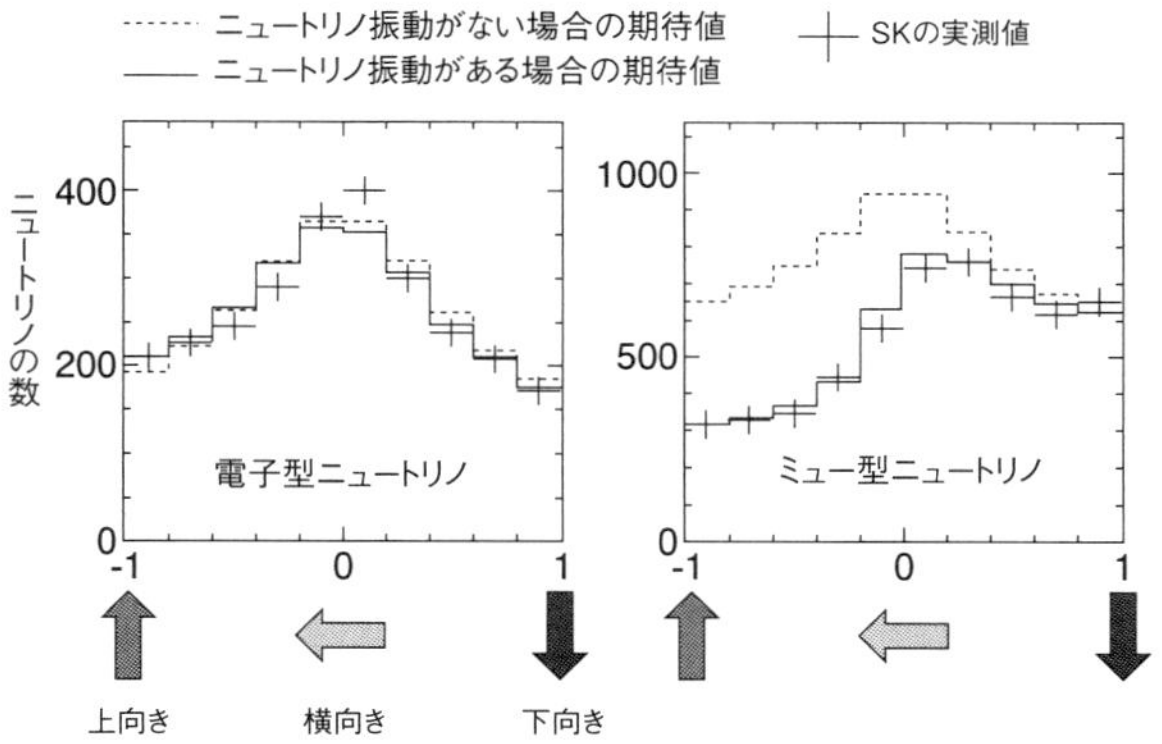

図4－6：大気ニュートリノの観測データ　提供：東京大学宇宙線研究所神岡宇宙素粒子研究施設
横軸は天頂角を示し、1は大気の上から飛来、-1は地球の裏側から飛来、0は横から飛来したニュートリノを示す。縦軸はニュートリノの数。地球の裏側の大気中で作られ長い距離を飛んできたニュートリノは上向きに検出器に対して飛んでくる。下から飛んで来るミューニュートリノのデータ（+）は、予想値（破線）の半分程しかないことが分かる

るニュートリノ振動、つまり「ミュー型→タウ型」の振動が観測されている、という証拠が得られました。

言い換えれば、ニュートリノには質量があるということが確実になったのです。

この分析結果をひっさげて、梶田さんは1998年の高山市での国際会議に臨みました。

プロローグでご紹介したように、梶田さんの発表で「6・2σ‼」という赤文字が入っていたのが、この天頂角分布のスライドでした。

この日の「毎日新聞」の夕刊一面には「ニュートリノに質量　素粒子論見

[コラム] 実験の成果をどう知らせるか

「ニュートリノ振動」という世紀の発見の発表の仕方をメディアの視点からみると、隔世の感があります。1998年当時、高山市という日本の地方都市でこれほど重要な発表がなされることは、公式には日本のマスメディアには知らされていませんでした。記者会見も予定されていませんでした。

それまでに実験に参加している研究者に取材を重ね、個人的なつながりをもっていた記者たちは、事前にこの情報をつかむことができました。でも、たまたま情報をつかみそこなったメディアもあったのです。

当時を知る記者に聞いてみると、「自分だけが知っていて、特ダネかもしれないと思っていた」とのこと。

にもかかわらず、ニューヨークタイムズの記者がやってきていたのはどうしてか。きっとこれが米国の研究者も参加する国際実験で、彼らも自分たちの成果としてアピールしたかったので、自国の記者に「こういう重大発表があるよ」とささやいたためでしょう。それは、当時のクリントン大統領がこの成果に触れていることからも想像がつきます。

ただ、最近ではこうした重要な発表については、事前にプレスリリースが送られてくるのが普通です。たとえば、スイスのCERNでヒッグス粒子の発見が発表されたセミナーも、事前にその情報がプレスに流され、記者会見も設定されていました。

研究者も、「多くの人に知ってもらって、支援を受けないと、研究が続けられない」という意識が強くなっているのだと思います。

直しも」という大きな見出しが躍りました。日本の新聞だけではありません。海の向こうでも「ニューヨークタイムズ」や「ワシントンポスト」が1面で紹介しました。ニューヨークタイムズはなんと、高山市の国際会議に記者を送り込んで記事を書いていました（コラム「実験の成果をどう知らせるか」）。

それだけではありません。当時のクリントン米大統領は高山市の国際会議で梶田さんが発表した翌日、マサチューセッツ工科大学での講演の中でこんなふうに述べました。

「昨日、日本で物理学者たちが小さなニュートリノに質量があるとの発見を公表しました。ほとんどの国民にとって重要な意味はないかもしれませんが、最小の素粒子の性質、この宇宙がどのようにはたらき、どのように膨脹しているのかまで、非常に基本的な理論を変えるかもしれません。これは日本でなされた発見ではありますが、米国エネルギー省の投資にも支えられています。この種の発見の影響は、研究室にとどまらず、社会全体に影響を与えます」

★なぜミュー型とタウ型の振動なのか

これで太陽ニュートリノ振動だけでなく大気ニュートリノ振動も確認され、ほっと一息ですが、よく考えてみると、まだすっきりしないと思う人もいるはずです。

まず、「ミュー型→タウ型→ミュー型」の大気ニュートリノの振動は、地球の反対側から神岡までやってくる間に何回ぐらい起きているのでしょうか。

これは天頂角分布の詳しい分析から推定することができ、あるエネルギーのミュー型に注目すると、だいたい500キロメートルぐらい飛ぶとタウ型に変身し、さらに500キロメートルぐらい飛ぶと、再びミュー型に戻ると考えられます。ただし、変身する確率はニュートリノの距離だけでなく、エネルギーにも関係があるので、ぴったり何キロメートルとはいえません。もっとエネルギーが高いと、さらに長い距離を飛んでから変身します。

もうひとつすっきりしないのは、ニュートリノは「電子型、ミュー型、タウ型」と3種類の香り（フレーバー）があるのに、大気ニュートリノ振動は、なぜ、「ミュー型とタウ型」の間の1種類しか観測されていないのかということではないでしょうか。

ミュー型が電子型になったり、電子型がタウ型になったりしたって、いいじゃないか、と思うのは私だけではないでしょう。

これについては、ニュートリノ振動が専門の実験物理学者、塩澤眞人《まさと》さんに聞いてみました。

答えは、「厳密には3つのフレーバーの間で振動が起きているけれど、見えやすい効果と、見えにくい効果がある」でした。

つまり、電子型、ミュー型、タウ型のニュートリノの変身のしやすさや、スーパーカミオカンデの特徴によって、見えやすい振動と、見えにくい振動があるらしいのです。

ここでまず、ニュートリノの変身しやすさについて考えてみます。

さきほど、上空の大気でミュー型として生じたニュートリノは、長距離を飛ぶ間に3種類の質量に応じたν1、ν2、ν3の混合割合が変化していく、という話をしました。ニュートリノ振動の性質を知るには、この「混合のしやすさ」がひとつの鍵《かぎ》を握ります。「混合角」という数字で表されるのですが、混合角が大きければ他の型に変身しやすく、混合角が小さければあまり変身しないということになります。

混合角は、「ν1、ν2、ν3」から2つを選ぶ組み合わせに応じて3種類あります。スーパーカミオカンデが観測したミューニュートリノが「理論値の半分しかなかった」ということは、この振動に関わる混合角が取り得る値の最大に近いほど大きく、変身割合が大きかったということです（でなければ、こんなに減りません）。

変身割合が大きいので、地球大気でミュー型として生まれたニュートリノはある距離を飛んだ時に、ほぼ100％タウ型に変身し、またミュー型に戻るという振動を繰り返してスーパーカミオカンデにやって来ます。観測されるニュートリノは飛距離やエネルギーが少しずつ違うので、全体が平均化されて、ミュー型として観測される確率と、タウ型として観測される確率が半々になるのです。

混合角が小さければ（言い換えると、ミュー型がタウ型に変わりにくければ）、こんなに大きな振動の効果は見えません。

一方、スーパーカミオカンデで、「電子型 → ミュー型やタウ型」への振動が見えないのは、この効果が現れるのはもっと長い距離を飛んだ時であるため。さらに、電子型の振動が見えないもうひとつの理由は、もともと大気ニュートリノには電子型とミュー型が含まれているので、「ミュー型 → 電子型」の振動と「電子型 → ミュー型」の振動が互いに打ち消す効果がある程度あるため、だそうです。一方、もともとの大気ニュートリノにはタウ型が含まれていないため、「ミュー型 → タウ型」の振動は打ち消す効果がありません。

つまり、「ミュー型→タウ型」の変身は、見えやすい条件が整っていたので、見えているのです。

太陽ニュートリノの振動が地球で観測できたのも、見えやすい条件がそろっていたためと考えると不思議な気がします。

★人工ニュートリノK2K実験

さあ、これでめでたしめでたし、ではあるのですが、実験はまだ続きます。スーパーカミオカンデが明らかにしたニュートリノ振動現象をもっと詳しく調べたい。そんな目的で行われたのが人工ニュートリノを使った実験です。

繰り返しますが、スーパーカミオカンデで発見された大気ニュートリノ振動は、「ミュー型→タウ型」だと考えられました。

これをさらに検証するために、茨城県つくば市にある高エネルギー加速器研究機構（KEK）という研究所にある大型加速器で人工的にミューニュートリノを作り、ビーム状にして発射、スーパーカミオカンデに送り込んだのです。

両者の距離は250キロ。この長距離をミューニュートリノが飛ぶ間にタウニュートリノに「変身」する様子を捕らえようというもくろみです。この実験では、KEKから神岡にニュートリノを打ち込むので、頭文字を取って「K2K」（KEK to KAMIOKA）実験と名付けられました。

なぜ、わざわざ人工ニュートリノを作るのかと言えば、スーパーカミオカンデで捕らえる大気ニュートリノや太陽ニュートリノは、自然に作られるニュートリノなので、どんなエネルギーのどんなニュートリノがどれぐらい作られているのかは、はっきりわからないからです。人工的に作れば、そうしたデータを正確に知った上で、スーパーカミオカンデでの観測データを比較することができます。

KEKから発射するのは、ほぼ純粋なミューニュートリノのビームです。これがスーパーカミオカンデに飛び込むまでの飛行時間は約1000分の1秒です。

K2K実験は1999年に開始され、2004年まで続きました。この間にスーパーカミオカンデでは112個程度のミューニュートリノを検出しました。もし、振動がなかったら158個ぐらいのはずなので、やっぱり振動によってミューニュートリノが減っていることが確認できました。

★T2K実験

K2K実験をさらに進化させたのがT2K実験です。

今度はつくばの加速器ではなく、茨城県東海村にある強力な陽子加速器「J-PARC」でニュートリノビームを作って、295キロメートル離れたスーパーカミオカンデに打ち込みます。こちらは「東海から神岡（TOUKAI to KAMIOKA）」との頭文字をとってT2Kと呼びます（図4－7）。

第2章でお話しした太陽ニュートリノの振動は、「電子型からミュー型、またはタウ型」への振動でした。また、スーパーカミオカンデの大気ニュートリノ実験では、「ミュー型からタウ型」への振動が確かめられました。

さきほど、3種類のニュートリノの変身のしやすさを表す「混合角」という数字が3つある、と述べましたが、太陽ニュートリノ振動と、大気ニュートリノ振動の観測によってわかったのは、3つのうちの2つです。

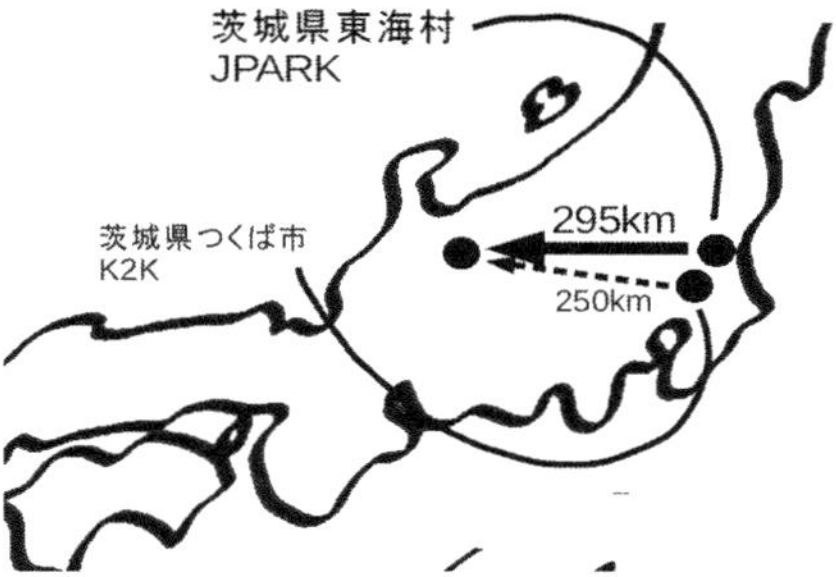

図4－7：T2K 実験

T2Kは、「ミュー型→電子型」の振動を観測することによって、残る1つの混合角を調べることをめざしていました。これがわからないと、ニュートリノ振動の性質の全体像がわからないからです。

T2KではK2Kの100倍ものミューニュートリノを作ってスーパーカミオカンデに打ち込みました。そして、2010年1月から2013年4月までの間に電子ニュートリノと考えられる反応を28個検出しました。

もし、振動がなかったら検出できる数は5個程度と考えられました。しかも間違う確率は1兆分の1というのですから、J-PARCから打ち込まれたミューニュートリノが295キロメートル先のスーパーカミオカンデまでを飛ぶ間に電子ニュートリノに変身する振動が起きていることは確実です。

この結果は2013年12月に発表されましたが、ミューニュートリノの「不足」ではなく、電子ニュートリノの「出現」を捕らえたという点でも画期的でした。そして、この観測結果から、最後に残った混合角がわかり、振動の全体像がつかめるようになったのです。

これで、3種類のニュートリノの間で起きる3種類の振動が実際に起きていることが確認されました。

K2KとT2Kは、梶田さんらによるニュートリノ振動の発見を裏付けた実験として、米国のMINOS実験とともにノーベル賞の解説文にも名前が挙げられています。MINOS実験はシカゴのフェルミ研究所から735キロメートル離れたミネソタ州の地下実験施設にニュートリノを打ち込む実験で、やはりミュー型の振動が確認されています。

★さまざまなニュートリノ検出器

ノーベル賞の解説文には、他にもニュートリノ振動の確認に貢献した装置の名前が挙げられています。

ニュートリノ望遠鏡「アンタレス」は、2008年からフランス・トゥーロン沖の地中海で進められている国際共同実験です。2500メートルの海底に多数の光センサーを並べて宇宙からやってくる高エネルギーのニュートリノを捕らえます。カミオカンデやスーパーカミオカンデが人工的な水槽を使っているのに対し、自然の海を使った巨大な水チェレンコフ光検出器です。なんだか壮大で、ちょっとロマンチックなこの実験、2012年には2007年から2010年のデータをまとめてニュートリノ振動を確認しています。

「アイスキューブ」は南極に設置した大気ニュートリノ検出装置で、表面から1500メートルのところから2500メートルの深さまで、1辺が1キロメートルの氷でできた立方体の中に光センサーを並べてあります。南極の氷は非常に厚く、圧縮されているので透明度が高く、ニュートリノの観測に適しているのだそうです。

スイス・ジュネーブのCERNの加速器から730キロメートル離れたイタリアのグランサッソ地下実験所までニュートリノビームを打ち込む「OPERA《オペラ》実験」も振動の確認に重要な役割りを果たしました。名古屋大学が中心となって行う国際共同研究です。

OPERAの特徴は、大気ニュートリノ振動で出現すると考えられたタウ型のニュートリノの検出に狙いを定めたことです。検出器に「原子核乾板」と呼ばれる昔ながらの技術を使ったのも特徴です。前にもお話しした素粒子の飛跡を映し出す特殊な写真フィルムで、素粒子物理学が生まれたてのころによく使われました。OPERA実験では改良された原子核乾板と鉛の板をサンドイッチ状に重ねた煉瓦《れんが》状の検出器を作り、これをグランサッソの地下に15万個も並べました。

この原子核乾板の技術は、タウニュートリノを最初に発見した「ドーナッツ実験」でも述べたように名古屋大学が得意とする分野です。2008年から2012年の5年間で5つのタウニュートリノの反応を検出し、大気ニュートリノ振動が間違いでないことを最終検証する役割を果たしました。

南シナ海に面した中国広東省の「DAYA BAY（大亜湾）実験」は、香港から55キロメートルのところにある嶺澳《リンアク》原子力発電所から出てくる反電子ニュートリノを液体シンチレータを使った検出装置で捕らえ、ニュートリノ振動の詳しいデータを取得しました。韓国の「RENO実験」、フランスの「ダブルショー実験」も、同様に原子炉ニュートリノを使って振動を詳しく調べました。

この原子炉ニュートリノを利用した3つの実験は、日本のT2K実験と共に、3番目のニュートリノ振動の混合角の決定に貢献しました。

こうした数々の実験に支えられて、梶田さんらの「ニュートリノ振動発見」は、揺るぎのないものになったのです。

★残されたニュートリノの謎

さあ、これで本当にめでたしめでたし、と言いたいところですが、まだ謎は残されていますす（科学とはそういうものです）。

〈謎1〉　まず第一に、ニュートリノの質量の値そのもの（つまり絶対値）がわかっていません。これだけ「ニュートリノに質量があった」という話をしているのに意外に思われるかもしれませんが、スーパーカミオカンデなどの観測でわかったのは、3種類のニュートリノの質量の差だけです（もっと正確に言えば、質量の2乗の差です）。

本当のことをいえば、3種類のどれが一番重いのかもわかっていません。

〈謎2〉　次に、なぜニュートリノの質量がこんなに小さいのかがわかっていません。〈謎1〉で質量そのものがわかっていないと言いましたが、すごく軽いことはわかっています。その上限はさまざまな観測や実験で求められていますが、他の素粒子と桁違いに軽いのです（だからこそ、質量がないとも思われていたわけです）。たとえば、標準理論の中で一番軽い電子と比べても、1000万分の1以下と考えられます。これは、かなり不思議なことです。何か知られていないメカニズムが働いているのでしょうか。

〈謎3〉　さらに、「この宇宙に反物質が見当たらず、物質だけでできているのはなぜか」という謎にニュートリノが手がかりを与えるのではないかと考えられています。

この点は、梶田さんがノーベル賞受賞決定の記者会見でも強調していました。

もしかすると、これらの謎は合わせて解くことができるかもしれません。いったい、どういう話なのでしょうか。

第5章　標準理論を超えて

★なぜこの世に反物質がないか

「この宇宙はビッグバンで生まれて、現在も膨脹を続けています。ビッグバンで生まれたことを考えると、宇宙に物質だけが残っていて、反物質がないことは非常に不思議です。この物質のもとを作ったのがニュートリノに関する物理ではないかと考えられ、今後の研究でこれに迫れるのではないかと思います」

ノーベル物理学賞の受賞者が発表された2015年10月6日、東京大学の山上《さんじょう》会議所で開かれた記者会見で、梶田《かじた》隆章《たかあき》さんはこんなふうに話しました。

「ニュートリノに質量があったということが、今後、どんなふうに宇宙の解明に役立つのですか？」という問いに対する答えです。

会場でこれを聞いていた私は、白状すると、「あれ、そうだったんだっけ」と思いました。

「この宇宙に物質だけがあって、反物質がないのはなぜか」という謎は繰り返し語られてきました。「消えた反物質の謎」とか、「物質優勢の宇宙の謎」とか言われてきました。

そして、この謎は２００８年にノーベル賞を受賞した「益川《ますかわ》・小林チームが解いたんじゃなかったの？」と思ったのです。

この宇宙がビッグバンで生まれたのは１３８億年ほど前のことです。当時の宇宙は超高温・超高圧で、そのエネルギーから物質を作る粒子と反物質を作る反粒子が同じ数だけ生まれたと考えられています。

反粒子というのは、性質は普通の粒子とそっくりなのに電荷が反対の物質です。ＳＦの世界の話だと思うかもしれませんが、第２章でお話ししたように、反粒子が実在することはわかっています。でも、それは実験でわざわざ反粒子を作り出したり、宇宙線の中に見つかったりするだけで、すぐに粒子と出会って消滅してしまいます。

同じだけ生まれたはずなのに、私たちが知っている今の宇宙には、粒子でできた物質しかありません。それは、宇宙のごく初期の段階で反粒子がなくなって、粒子だけが残ったから、という話をよく耳にします。

そして、その理由を説明する理論は、宇宙にアンバランスを作り出す「ＣＰ対称性の破れ」だという話も、繰り返し聞いてきました。

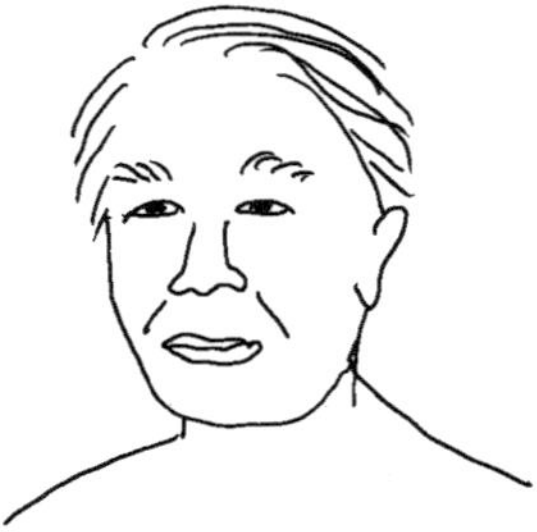

南部陽一郎

益川敏英

小林誠

でも、それは、こんな軽いニュートリノの話ではなくて、もっと重い素粒子クォークの話だったんじゃなかったの？　と思ったのです（おさらいをすると、クォークは原子核を構成する素粒子で、陽子も中性子も3つのクォークでできています）。

そう思うのには理由があります。

2008年、ノーベル物理学賞を受賞したのは、南部陽一郎さん、益川敏英《としひで》さん、小林誠さんの3人でした。受賞理由は南部さんが「対称性の自発的破れの発見」、益川・小林チー

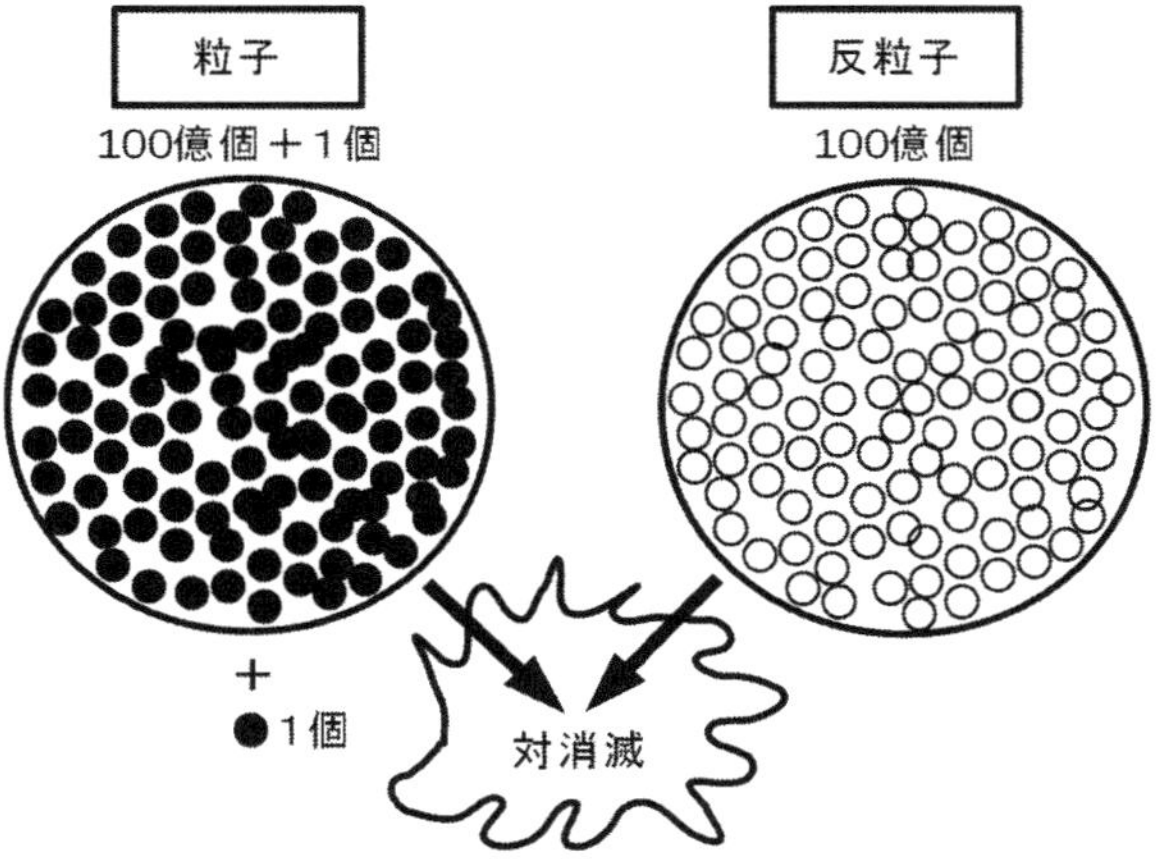

図5－1：消えた反物質の謎

ムは「クォークに3世代あることを示す対称性の破れの発見」です。

そして、益川さんと小林さんが発見したこの対称性の破れが、「CP対称性の破れ」でした。

さきほども述べたように、宇宙初期に同じ数だけ生まれた粒子と反粒子は、性質はそっくりですが、電荷がさかさまです。粒子がプラスなら、反粒子はマイナス、といった感じです。互いが出会うと、「対消滅」と呼ばれる現象によって、光を出して両方ともパッと消え去ってしまいます。ですから、もし、宇宙初期に本当にきっちり同じ数の粒子と反粒子ができたとするなら、全部対消滅して、この宇宙は雲散霧消してしまったはずなのです。

そうなれば、銀河も星も、この地球も、もちろん私たちも、存在していません。

幸か不幸か、そんなことにならなかったのは、宇宙誕生のころに、ほんのわずかだけ反粒子よりも粒子が多かったから、と考えられます。そのアンバランス、つまり「非対称性」を生み出したのが「ＣＰ対称性の破れ」だというのです。ここでおおざっぱに、「ＣＰ対称性の破れ」は、粒子と反粒子の性質の違いを生むものだと思ってください。

アンバランスは、１００億個の反粒子につき、１００億と1個の粒子が生じる、という程度のわずかな違いだといいます。それで十分、この宇宙が作れるというわけです（図5－1）。

そして、益川・小林チームの予言は「クォークが6種類あれば、この現象を説明できる」というものでした。

そういう話を何回も聞いていたので、「宇宙に物質だけが残っていて、なぜ反物質がないのかという謎は、クォークのＣＰ対称性の破れで解決された」と思っていたのです。

実際、益川・小林の理論が正しかったことを証明したのも、クォークと反クォーク（クォークの反粒子）でできたB中間子と呼ばれる粒子の実験でした。日本の高エネルギー加速器研究機構（ＫＥＫ）で実施した「Bell《ベル》実験」と、米国のスタンフォード大学の加速器で実施した「BaBar《ババール》実験」です。どちらもB中間子をたくさん作って、これが崩壊する時に起きる

CP対称性の破れを捕らえる実験で、「Bファクトリー（B工場）」と呼ばれます。

でも、どうやら、話はもっと複雑だったようです。改めて益川・小林チームの業績についてスウェーデンの王立科学アカデミーが出したノーベル物理学賞のプレスリリースを読むと、こう書いてあります。

「私たちの宇宙を生き残らせたのはこの対称性の破れだと思われるが、詳しい仕組みはまだわかっていない」

いったい、どういうことなのでしょうか。

★クォークでは足りない

考えていてもわからないので、素粒子物理学者の浅井祥仁《しょうじ》さん聞いてみることにしました。スイスとフランスにまたがるCERNの巨大加速器「LHC」でヒッグス粒子を発見した「アトラスチーム」の日本のまとめ役です。

すると、こんな答えが返ってきました。

「益川・小林の理論でクォークのCP対称性の破れの起源は確かに説明されました。でも、その量では、宇宙の物質と反物質のアンバランスを説明するにはぜんぜん足りないんです」

楊振寧

李政道

呉健雄

えっ、そうだったんですか？　益川・小林チームのノーベル賞が決まった時には、新聞もテレビも、「私たちの世界が物質だけで成り立っていて、反物質が見あたらないのはなぜかという疑問に答える」といった解説をしたはずです。それなのに、量がたりなかったとは。

でも、考えてみれば、益川・小林チームは、なにも「宇宙に物質だけが満ちている理由を解明しよう」と思って、理論を立てたわけではありません。

そもそものきっかけは１９５６年に遡ります。中国系アメリカ人の物理学者、楊振寧《ヤンチェンニン》と李《リー》政道《ツォンダニ》の二人が、「これまで自然界では対称性が成り立っていると思われてきたが、弱い力が働く素粒子の反応では対称性が成り立たないことがある」と予言したのです。翌１９５７年、彼らの仲間でもあった女性物理学者、呉健雄《ウーチエンシュン》が実験でこれを実証しました。放射性コバルトが崩壊してニッケルになる時に電子と反ニュートリノが出てくる反応（おなじみのベータ崩壊）で確かめたのです。3人のうち男性2人はのちにノーベル賞を受賞しています（なぜか呉ははずれました。この話はコラム「女性とノーベル賞」で）。

この発見は物理学の世界に波紋を広げました。なぜなら、それまでは「この世界には対称性がある」と信じられていて、それを前提に素粒子の理論が組み立てられていたからです。いろいろな実験でも対称性は検証されていましたし、量子力学や相対性理論でも成り立つと考えられていました。

★入れ替えても同じ対称性

ここで、素粒子の世界でいう対称性とは何か、対称性が破れるとはどういうことかを、ざっと説明しておきます。

対称性というのは、「左右対称」とか「上下対称」とかいう時の対称性で、入れ替えても同じという意味です。そして素粒子の世界では3つの対称性を扱います。

まず、鏡に映すように左右を入れ替えても素粒子の性質や振る舞いが元のまま何も変わらない「鏡対称性」。物理学の言葉ではこれを「パリティ（P）対称性」と呼びます。P対

［コラム］女性とノーベル賞

女性初のノーベル賞受賞者といえば、ご存じマリー・キュリーです。1903年にノーベル物理学賞を受賞、1911年には化学賞も受賞しています。では、その後の女性受賞者はどうなっているのでしょうか。

ノーベル賞の公式サイトによれば、1915年までに科学系のノーベル賞を受賞した女性は物理学賞2人、化学賞4人、医学生理学賞12人で、合計17人です。科学系の全受賞者が581人であることを考えると、あまりに少ない数です。

そんな中、「ノーベル賞に値したのに受賞から漏れた」と言われている女性たちがいます。その一人が呉健雄です。パリティ対称性の破れを提唱したのは理論家の楊振寧と李政道ですが、コバルトを使って実験的に証明するためには実験物理の専門家である呉の力が欠かせませんでした。それなのに、ノーベル賞は楊と李だけに。なんだか不公平な気がします。

第3章で紹介した超新星爆発の後にできるパルサーの発見でも、最初に気づいたのはジョスリン・ベルだったのに、1974年にノーベル賞を受賞したのは指導教官の男性教授でした。オーストリア生まれの物理学者リーゼ・マイトナーは核分裂の発見に大きく貢献しましたが、1944年にノーベル化学賞を受賞したのは共同研究者のオットー・ハーンだけでした。実際には、何回もノーベル賞に推薦されていましたが、ユダヤ人であったためにナチスの迫害から逃れて亡命せざるをえなかったことなどが影響し、はずされたようです。

称性があると、こちらの世界にいるのか、鏡の中の世界にいるのか、区別がつきません。

次に、電荷が異なっていても区別がつかない「電荷（C）対称性」。C対称性があると、電荷だけが反対の粒子と反粒子の区分けがつきません。

さらに、時間が前向きに進んでも、後ろ向きに進んでも区別がつかない「時間（T）対称性」があります。

これらの対称性が成り立たない時に、対称性が破れる、といいます。英語では「violation（違反や侵害）」と表現しますから、本当なら保たれているはずの対称性が崩れる、という意味合いがあるのでしょう。

楊、李、呉の三人が発見したのはP対称性の破れでした。これを知った「対称性信奉者」の物理学者たちは、あわてて、「たとえP対称性が崩れていても、CP対称性は保存されている」と言い出しました。つまり、粒子と反粒子を入れ替え、鏡に映すと、素粒子の振る舞いは元のものと区別がつかない、というわけです。

もし、こうした対称性が保たれているなら、反物質の世界からやってきたエイリアンと出会っても、彼らの出自はわかりません。うっかり握手したりすると、どちらとも「対消滅」してしまうかもしれません（このたとえは、益川・小林チームがノーベル賞を受賞した時のスウエーデン王立科学アカデミーの解説に登場します）。

ところが、1964年、アメリカの二人の物理学者がK中間子と呼ばれる粒子が崩壊する様子を実験でじっくり観察し、CP対称性が破れていることを見つけたのです（図5－2）。

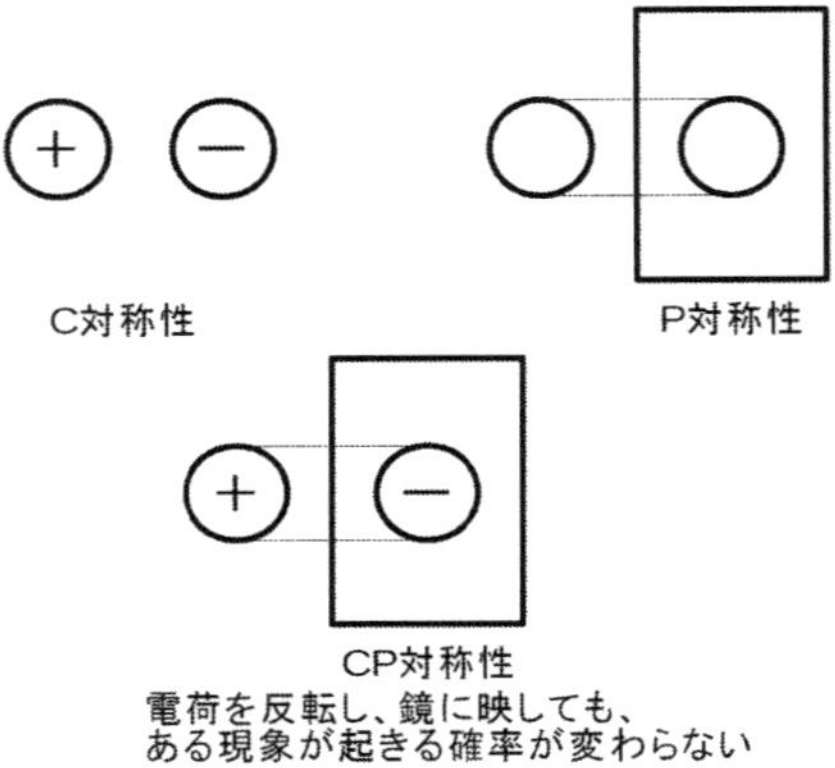
C対称性
P対称性
CP対称性
電荷を反転し、鏡に映しても、
ある現象が起きる確率が変わらない

図5－2：CP対称性の概念図

もうこれで、逃げられません。なぜ、こうした対称性の破れがおきるのか。これを説明したのが、1972年の益川・小林理論だったのです。それは、「クォークが6種類あれば説明できる」というものでした。当時は、まだ3種類のクォーク（アップ、ダウン、ストレンジ）しか見つかっていなかったのですから、なかなか大胆な予言だったことになります。

★クォークの発見で実証

二人の理論は、実際に残る3種類のクォークが発見されて、見事に検証されました。チャームクォークが1974年に、1977年にボトムクォークが、1995年にトップクォークが発見されたのです。

それだけではありません。2001年、日本と米国の2つのグループがさきほど述べた「Bファクトリー」と呼ばれる装置を使った実験で、益川・小林理論にぴったり一致するCP対称性の破れを観測することに成功しました。二人の予言から20年後のことでした。

こうして、クォークについてはCP対称性の破れが証明されました。CP対称性が破れているということは、粒子と反粒子の性質に違いがあるということですから、物質と反物質のアンバランスを生み出すことができます。「宇宙に反物質が見当たらない謎」を説明するための重要な要素です。ただし、これだけでは、宇宙に物質しか見当たらない理由を説明するには不十分だというわけです。専門家の方々は「7桁足りない」とか「10桁足りない」とか言っているようです。

本当にそうなのか。ちょうど益川さんにお目にかかる機会があったので、念のためうかがってみました。「少し足りないんだよね」とおっしゃっていたので、確かにそうなのでしょう。

アンドレイ・サハロフ

話がちょっとわき道にそれますが、益川さんと久しぶりにお目にかかったのは、２０１５年11月に長崎市で開かれたパグウォッシュ会議でした。アインシュタインや湯川、朝永《ともなが》両博士も参加し、核兵器廃絶をめざす科学者の会議として１９５７年から開催されてきました。益川さんや、その師匠である名古屋大学の坂田昌一《さかたしょういち》さんも協力してきました。ここで改めて考えたのは、科学者と戦争、そして核兵器の関係です。

ニュートリノ研究の歴史をたどっていると、当然、核物理の話になります。そして、核物理の研究には、これも当然のことながら、核兵器との関係が見え隠れするのです。

益川さんも著書『科学者は戦争で何をしたか』で、科学者と戦争の関係について批判的に述べています。こうしたことにも無関心ではいられません（コラム「科学者と戦争」）。

ところで、物質優勢の宇宙を作るには「ＣＰ対称性とＣ対称性が破れている必要がある」と最初に言い出したのはロシア人理論物理学者アンドレイ・サハロフだそうです。この人も、旧ソ連の水爆開発にたずさわり、「ソ連水爆の父」と呼ばれた人物です。ただ、その後は核

［コラム］科学者と戦争

ユニークな発言が光る素粒子物理学者、益川敏英さんは、著書『科学者は戦争で何をしたか』で、科学そのものは中性だが、科学技術は悪用されれば人類を破滅させるほどの負の部分を潜ませている、と指摘しています。「自分の開発した科学技術が悪用される可能性をいち早く理解できるのは、それを開発した科学者自身」という言葉には重みがあります。

放射能を発見したピエール・キュリーは、その発見が悪用される恐ろしさをノーベル賞の受賞講演で警告していました。一方、1918年にノーベル化学賞を受賞したフリッツ・ハーバーは毒ガスの開発者で、授賞には非難の声が上がったそうです。

また、いうまでもなく、原爆開発の背景には多くの物理学者の影響があります。原爆のアイデアをアインシュタインを通じて米国のルーズベルト大統領に進言したのは物理学者のレオ・シラードでした。ナチスに先んじられてはならないという思いだったようですが、結果的に日本への原爆投下につながってしまいます。

シラードは原爆投下に反対する請願書を書きましたが聞き入れられませんでした。「戦時下における科学者の立場は、戦争に協力を惜しまないうちは重用されるものの、その役目が終われば一切の政策決定から遠ざけられ、蚊《か》帳《や》の外に置かれる」という益川さんの指摘が重く響きます。

日本への原爆投下を知ったアインシュタインはショックを受け、その後、核廃絶運動に取り組みます。その精神は、戦後70年に長崎で開かれた「第61回パグウォッシュ会議」まで受け継がれています。

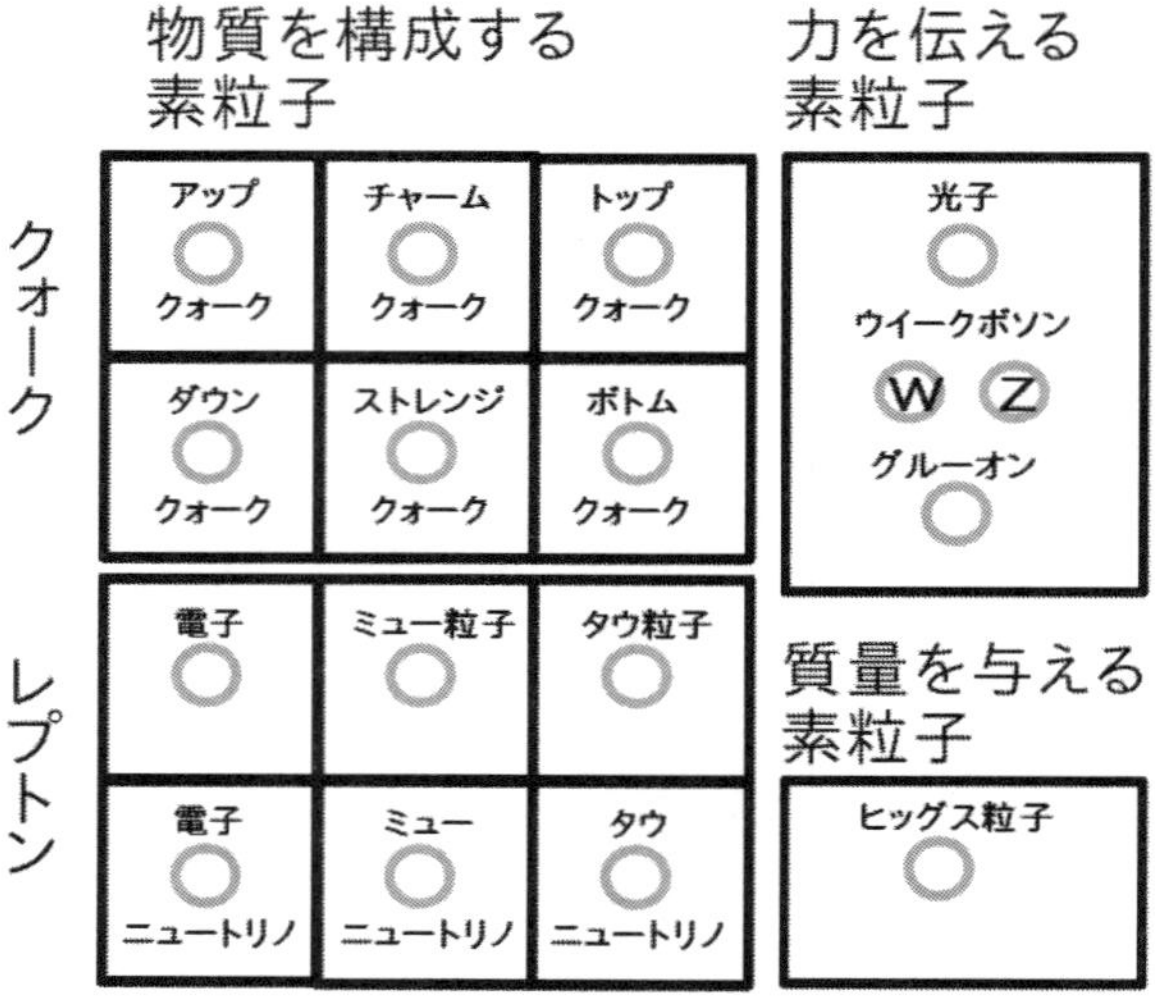

図5－3：標準理論を構成する素粒子

実験禁止に転じ、人権擁護活動を進め、1975年にはノーベル平和賞を受賞しています。サハロフは物質優性宇宙の3条件を提案していて、残る2つは大ざっぱにいうと「宇宙の始まりのビッグバンのような状態があること」「陽子崩壊のようにクォークと反クォークの数が粒子の反応の前後で変わってしまう現象があること」です。

★なぜ宇宙では物質が優勢なのか

話を元に戻すと、ニュートリノはクォークの不足を補ってくれるのでしょうか？

どうやら、その可能性があるようで

す。でも、それはどうしてなのでしょうか。

話を進める前に、少しだけ素粒子の標準理論について、おさらいをしておきます（図5－3）。


第1章でも述べたように、標準理論は、物質を構成する6種類のクォーク、3種類の電子の仲間、3種類のニュートリノと、力を伝える4種類の素粒子、それに質量の起原と言われるヒッグス粒子の、全部で17種類の素粒子から成り立っています。

物質粒子の中でニュートリノは他の粒子に比べけた違いに軽い素粒子です。

私たちの周りにある物質を構成している原子は、中心部に陽子と中性子があって、回りに電子があります。陽子と中性子はアップクォークとダウンクォークでできています。ですから、私たちの身近にある物質は2種類のクォークと電子でできているということになります。

アップとダウン以外のクォークは、宇宙線の中に存在していたり、加速器の実験で作りだすことができますが、身の回りの物質の中には存在しません。

ニュートリノも身の回りの物質には含まれませんが、たくさん飛び交っています。

時々話に登場する「中間子」は、素粒子ではなく、クォークと反クォークでできています。

さらに、この宇宙には物質に働く「力」があります。「重力、電磁気力、強い力、弱い力」の4つです。

「重力」は他の力に比べて桁違いに小さいので、今のところ標準理論では「無視」されています。「電磁気力」はお馴染《なじ》みのプラス・マイナスの電荷が引き合ったり磁石が引きつけ合う力。「強い力」は、原子核の中で陽子や中性子を結びつけている力。「弱い力」は、たびたび登場した原子核のベータ崩壊の時などに働く力です。

物質を構成する素粒子はみな、重力を感じると考えられますが、残る3つのどの力を感じるかは粒子によって違います。

クォークは、3つの力をすべて感じます。

電子の仲間は、「強い力」以外の2つの力を感じます。

また、ニュートリノの仲間は、この世界で働く4つの力のうち「重力」と「弱い力」だけを感じるという他の粒子と違う性質があります。

ニュートリノがまわりの物質と反応せず、なんでもすり抜けてしまうのはこのためです。

ここで、なぜ、ニュートリノに質量があると「物質優勢の宇宙」が説明できるのかに戻ります。
今度は、村山斉《ひとし》さんに聞いてみました。東京大学カブリ数物連携宇宙研究機構の機構長で、素粒子物理が専門の理論物理学者です。
お答えは、こんな感じでした。

物質と反物質が1対1だと宇宙が空っぽになってしまうので、なんらかの方法で反物質の10億分の1を物質に変えて、物質の方が多くなるアンバランスを生み出したと考えられます。このように「反物質を物質に変える」にはどうするか。電子やクォークのように電荷をもつ物質粒子だと、物質と反物質は電荷がプラスとマイナスで反対なので、入れ替わることは絶対にできません。しかし物質粒子の中でニュートリノだけは電荷がないので、ニュートリノと反ニュートリノが入れ替わる可能性があります。そして、入れ替わることができるのは質量がある場合だけです。ですから、この発見が、「我々を消滅から救ったニュートリノ」という考えにつながるのです。

うーん、むずかしい。

質量があると、なんでニュートリノと反ニュートリノは入れ替えられるのでしょうか。そもそも、電荷のない粒子の反粒子とはどういうものなのでしょうか。

どうやら、この問題を多少なりとも理解するためには、粒子の「右巻き・左巻き」について知らなくてはならないようです。本当は避けたかった話題ですが（頭がきしむので）、仕方ありません。

★右巻きと左巻き

素粒子には、質量や電荷といった性質以外に、「スピン」と呼ばれる性質があります。スケートでくるくる回るスピンのようなものですが、その最小単位は2分の1です。たとえばクォークも電子もスピンは2分の1、光子はスピンが1です。

これまで、粒子と反粒子は「質量などが同じで、電荷だけが反対」といってきましたが、このスピンの大きさも同じです。たとえば、クォークも反クォークもスピンは2分の1です。

次に、「右巻き・左巻き」です。

素粒子のスピンには、その大きさとは別に「右巻き」か「左巻き」か、という区別があります。素粒子が飛んでいる方向に向かってスピンが時計回りなら「右巻き」、反時計回りなら「左巻き」です。

普通は粒子と反粒子のそれぞれに、右巻きと左巻きがあります。たとえば、電子の場合なら、スピンの違いまで入れると「右巻き電子、左巻き電子、右巻き陽電子、左巻き陽電子」の4種類がある、といった具合です（電子の反粒子は陽電子です）。右巻きの粒子を鏡に映すと左巻きになります、ですから、P対称性が保たれている場合には右巻きと左巻きのふるまいは区別がつきません。

ところが、ニュートリノには不思議なことがあります。左巻きしか見つかっていないのです。一方、反ニュートリノには右巻きしか見つかっていないのです。ニュートリノを見ると左巻きばかり、反ニュートリノを見ると右巻きばかりなのです。これを「ニュートリノは左利き」などといいます。

「そもそも、ニュートリノには電荷がないのに、ニュートリノと反ニュートリノをどう区別するの？」という疑問もあると思います。確かに、両者は電荷がなく質量も同じですが、ニュートリノの反応と反ニュートリノの反応は違います。第2章でお話ししたように、ライネスとコーワンが発見した原子炉から出てくるニュートリノは、反ニュートリノでした。一方、太陽ニュートリノでレイ・デイビスがクリーニング溶剤で捕らえたのはニュートリノでした。

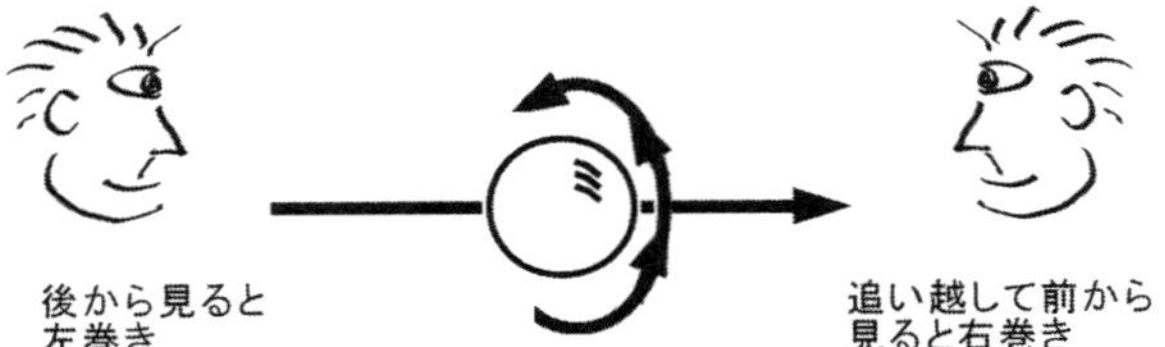

図5－4：左巻きニュートリノを追い越してみると

なぜ反応が異なるかといえば、ニュートリノに働く「弱い力」が粒子の「右巻き」と「左巻き」を区別し、左巻きの粒子（右巻きの反粒子）にしか作用しないと考えられるからです。さきほどお話しした楊、李、呉によるP対称性の破れにも、この弱い力の「利き手」が関係しています。

そこで、ニュートリノの右巻きと左巻きです。ちょっと想像してみてほしいのですが、「左巻き」で飛んでいる素粒子を追い越して、振り返ってみてください。「右巻き」に見えますよね（図5－4）。

もし、ニュートリノが光速で飛んでいたら、それを追い越して振り返ってみることはできません（だって、この宇宙に光速より速く飛ぶものはないんですから）。

実は、以前は、ニュートリノに左巻きしか見つかっていないのは、光速で飛んでいるためではないかと思われていました。質量があったら光速では飛べないので、ここからニュートリノには質量がないのではないかと思われていたわけです。

でも、梶田さんたちの発見でニュートリノには質量があることがわかりました。ということは、光よりちょっとだけ遅いスピードで飛ぶので、振り返ってみることができるということになります。

その場合、普通に考えれば右巻きのニュートリノが見えるはずです。にもかかわらず、右巻きのニュートリノが見えないのはどうしてなのでしょうか。

この現象には2つの可能性があります。

①電子に右巻きと左巻きがあるように、ニュートリノにも右巻きと左巻き、反ニュートリノにも右巻きと左巻きがあるのだが、右巻きニュートリノや左巻き反ニュートリノは反応しないので観測できず、見えていないだけ。

②実は、追い越して見える右巻きニュートリノが、右巻き反ニュートリノである。言い換えると、ニュートリノと反ニュートリノは基本的に同じ粒子で、右巻きと左巻きの違いがあるだけ。

①だった場合、ニュートリノはクォークや電子と同じように、粒子と反粒子が別モノで、それぞれに同じ性質の右巻きと左巻きがあることになります。こういう粒子を専門家の方々は「ディラック粒子」と呼びます。英国の理論物理学者ポール・ディラックにちなんでつけ

エットーレ・マヨラナ

ポール・ディラック

られた名前です。

②だった場合、ニュートリノは自分自身の反粒子に等しいことになります。こういう物質粒子を専門家の方々は「マヨラナ粒子」と呼びます。ただし、これまでマヨラナ粒子の存在が確認されたことはありません（光子も電荷がなくて粒子と反粒子の区別がつかないんじゃないの、と思うかもしれませんが、光子は物質粒子ではなく力伝達粒子なので、マヨラナ粒子ではありません）。

この奇妙な粒子は、梶田さんらのノーベル賞の解説文にも登場します。それを見た時には、思わず心の中で「出た、マヨラナ粒子！」と叫んでしまいました。ちょうど最近、マヨラナ粒子を提案したイタリア人理論物理学者エットーレ・マヨラナについて書いた科学本を見かけて、「なんだか怪しい」と思っていたのです。

物理の理論には、どこか「何でもあり」「言いたい放題」のイメージがあります。ですから、マヨラナ粒子も、もしかしたら「トンデモ理論」ではないかと思っていたのです（ごめ

[コラム] 失踪した天才、マヨラナ

イタリアの理論物理学者エットーレ・マヨラナについて初めて知ったのは、ポルトガル生まれの物理学者ジョアオ・マゲイジョが2009年に書いた『マヨラナ　消えた天才物理学者を追う』（日本語版は2013年発刊、塩原通緒訳）という本を目にした時でした。

なんだか怪しい人物のような気がして、そのままになっていたのですが、ニュートリノ振動のノーベル賞の解説を読んで、「これか！」と思ったのです。

マヨラナは1906年、シチリア島に生まれ、ニュートリノの命名者でもあるエンリコ・フェルミが率いる研究集団の一員となりました。若くして才能を発揮したようですが、1938年、31歳の時に忽然と姿を消してしまうのです。遺書が残されていたそうですが、その後も、「エットーレを見かけた」という目撃情報がいくつもあって、その消息は謎に包まれたままのようです。

姿を消す前にマヨラナが提案したのが、ディラック粒子に対抗するマヨラナ粒子です。

ディラックの理論では「粒子があれば、粒子とは区別のつく反粒子がある」ということになりますが、マヨラナは「ニュートリノの場合、ニュートリノと反ニュートリノは区別できず、同じものだ」と提案したのです。さらに詳しくいうと、ニュートリノは、粒子と反粒子が同じ確率で量子力学的な「重ねあわせ」になった状態にある、というのです。

マヨラナが失踪してからまもなく80年。そろそろ謎が解かれる時かもしれません。

んなさい、マヨラナさん)。

でも、実際マヨラナは謎の人物です。1938年、31歳の時に失踪したきり、行方不明なのです(コラム「失踪した天才、マヨラナ」)。

ただし、その理論は、まじめに扱うべき理論のようです。調べてみると、米国の権威ある科学論文誌「サイエンス」が毎年選ぶ「今年のトップ10」2012年版にもマヨラナ粒子が登場しています。

では、ニュートリノがマヨラナ粒子だったら、どういうことになるのでしょうか。

ニュートリノ=反ニュートリノとなり、この性質が宇宙誕生の初期に反物質より物質を多く生みだしたメカニズムにつながるようなのですが、これだけではよくわかりません。

どうやら、ニュートリノと物質優性宇宙の間をつなぐには、「なぜニュートリノはとても軽いのか」という、もうひとつの謎にも分け入っていかなくてはならないようです。

★質量を生み出す3つのメカニズム

さきほども述べたように、ニュートリノの質量の絶対値はまだわからず、「これよりは小さい」という上限がわかっているだけです。ニュートリノは以前、みえない暗黒物質の候補とも考えられていましたが、あまりに軽いのでその可能性も否定されています。

「なぜこんなに軽いのかわからない」と物理学者のみなさんはおっしゃるのですが、それを聞いて頭に浮かんだ疑問があります。

「ニュートリノの質量も、他の素粒子と同じようにヒッグス粒子が生み出したんじゃなかったの？」という疑問です。

再び、ヒッグス粒子の専門家である浅井さんに聞いてみました。すると、こんな答えが返ってきました。

「素粒子の質量を生み出すメカニズムは3つ考えられます。ひとつはヒッグス粒子によるヒッグス機構。もうひとつは量子色《いろ》力学が扱う強い力。もうひとつが、とても軽いニュートリノの質量を生み出しているかもしれないシーソー機構です」

えっ、そんなにいろいろあったんだ、と今度も言いそうになりましたが、確かにヒッグス粒子が発見された時、「これだけで宇宙の質量が全部説明できるわけではない」という話は聞いていました。

カリフォルニア工科大学の理論物理学者、大栗博司《おおぐりひろし》さんは著書の中でこう指摘しています。

「ヒッグス粒子が関わっているのは、実は、私たちの身の回りにある物質の質量の1％に過ぎません」（『強い力と弱い力　ヒッグス粒子が宇宙にかけた魔法を解く』）

では、残りの99％は何かといえば、「クォークを陽子や中性子の中に閉じ込める『強い力』のエネルギー」ということになります。

★シーソー機構

それはともかく、ニュートリノの質量を生み出したのは、ヒッグス機構でも、強い力でもなく、「シーソー機構」かもしれないというのです。いったい、どんなものなんでしょうか。

この理論は、「なぜ、ニュートリノの質量はこんなに小さいのか」を説明する理論として、すでに1970年代の終わりに提案されていたのだそうです。

あれ、当時はニュートリノに質量はないと思われていたんじゃなかったの？　と思った人もいるはずです。

実は、当時から、ニュートリノに質量がある可能性は考えられていました。標準理論が想定していないからといって、「質量ありのニュートリノを考えてはいけない」なんてことはありません。

そして、この理論の提案者の一人は日本の素粒子物理学者、柳田勉《つとむ》さんでした。ちょうど同じ時期に、米国のゲルマン、ラモンド、スランスキーの三博士も、同じことを考えて提案しています。ゲルマンさんは、原子核を構成する素粒子クォークの存在を予言したことで知られるゲルマンさんです。

また、ここで重要な点は、このシーソー機構が成り立つためにはニュートリノがマヨラナ粒子である必要がある、という点です。

シーソー機構の話をきちんと理解するのは至難の業なので、すっとばしておおざっぱなイメージだけ言うと、こんな感じです。

ニュートリノがこんなに軽いのは、シーソーの向こう側にすごく重たい未知の粒子が乗っかっているからだ。私たちが見ているのはシーソーのこちら側に乗っている軽い方のニュートリノで、重たい方は見えていないが、つりあいは取れている。この重たい粒子は右巻きニュー

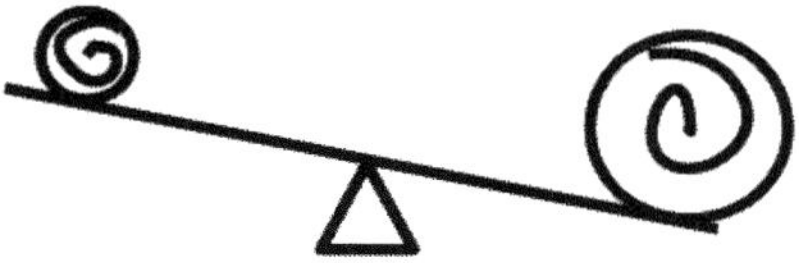

シーソーの向こう側に
重い右巻きで見えない
ニュートリノが乗っている?!

図5－5：シーソー機構のイメージ

トリノである（ディラック粒子が想定する軽い右巻きニュートリノとは別モノです。図5－5）。

はあ？　と思われるかもしれませんが（専門家の方々は、何言ってるんだというかもしれませんが）、とりあえずこれで勘弁していただいて、先に話を進めます。

★大統一理論と重いニュートリノ

もし、ニュートリノがマヨラナ粒子で、ニュートリノに質量を与えているのが、シーソー機構だったらどうなるのか。

そうすると、シーソーの向こう側に乗っている、超重い未知の粒子が存在することになります。すごく重たい、ということは、それを扱う物理は、すごく高エネルギーの物理ということになります（アインシュタインのE＝mc２乗を思い出してください。質量とエネルギーは同じものです）。

「ここで扱う高エネルギーの物理のスケールは、ちょうど大統一理論を扱うエネルギーのスケールと近い。ニュートリノの質量の研究は大統一理論の研究への窓を開くかもしれない」と、梶田さんはニュートリノについてのレビューで述べています。

ここで「力の大統一理論」の再登場です。最初にカミオカンデがめざしていた「陽子崩

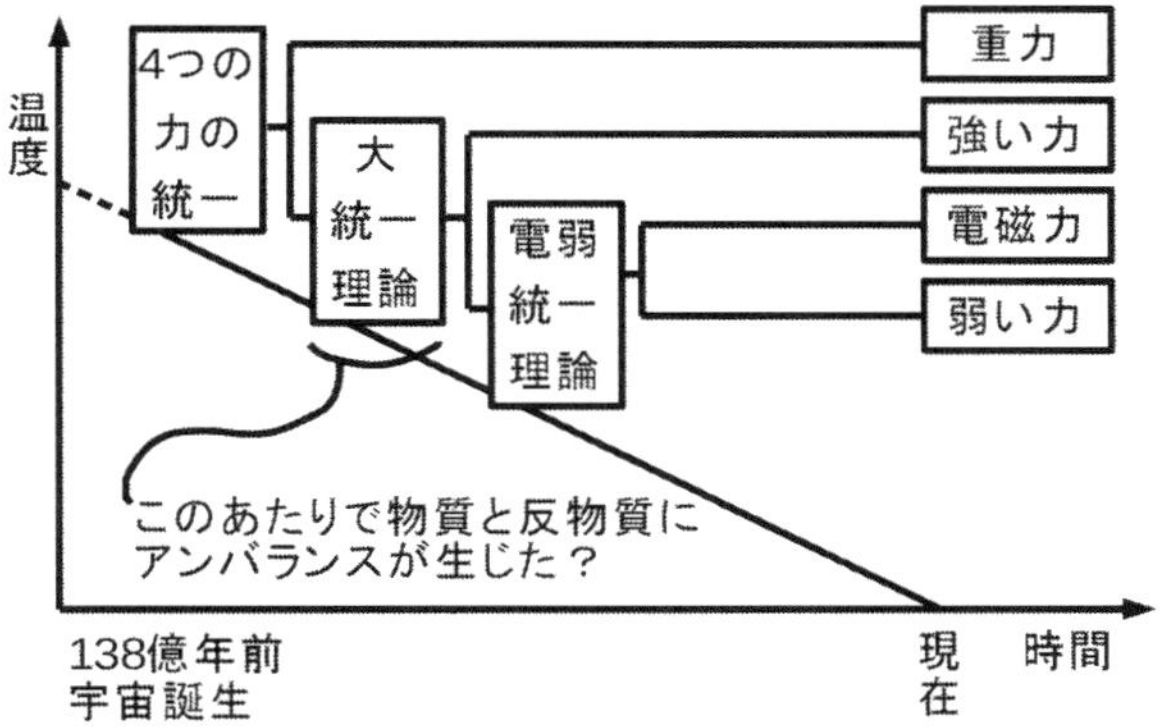

図5－6：宇宙の歴史と力の統一の概念図

壊」を予言する理論です。

どんな理論かというと、さきほど述べたこの世を統《す》べる4つの力のうち、「電磁気、弱い力、強い力」の3つの力を統一する理論です。統一というのは、一見、異なる力のように見えるこの3つの力が本来はひとつの力であって、同じ法則で扱えることを示すことです。

「力の統一」は、物理学者の「究極の夢」とも言われ、最終的には4つの力を統一することをめざしています。ただ、今のところ統一できたのは電磁気と弱い力までで、3つめの強い力はあと一歩、という段階です。

それにしても、なぜ、超重いニュートリノが、この大統一理論につながるのでしょうか。

これもややこしい話ですが、考えてみます。

宇宙開闢《かいびゃく》のころ、4つの力はすべて同じ一つの力だったと考えられています。宇宙がものすごく高温高圧で高エネルギーだったころです。宇宙が膨脹し、温度が下がるにつれて、4つの力は分離していき、最終的に現在の世界になったと考えるのです。

最初に分離したのが重力で、その時はまだ、残る3つの力は同じ力でした。どうやら、シーソーの向こう側に乗っている超重いニュートリノはこのころに存在していたようなのです（図5-6）

そして、この超重いニュートリノが、「宇宙が物質ばかりなのはなぜか」を解いてくれるかもしれないというのです。それを説明するのは、「レプトジェネシス」と呼ばれる理論です。提案したのは、シーソー機構の柳田さんと、宇宙論が専門の福来正孝《ふくぎた》さんです。

レプトジェネシスも、シーソー機構と同様、きちんと理解するのは至難の業なので、ここではざっくりと私が理解したイメージをお伝えすることにします。

シーソー機構によれば、シーソーの反対側にとても重い右巻きのニュートリノが乗っかっています。あまりに重いため（言いかえるとあまりに高エネルギーなため）、加速器実験などで作ることができません。身の回りでできることもないので、その辺には見当たりません。

でも、宇宙誕生のビッグバン直後の高エネルギーの宇宙にはたくさん存在したと考えます。

そして、この超重いニュートリノが崩壊するときに、CP対称性が破れていたため、ニュートリノと反ニュートリノのアンバランス（正確にいうとレプトンと反レプトンのアンバランス）が生まれたと考えるのです。

ここでニュートリノにおけるCP対称性の破れが重要になります。対称性が破れていなければこのアンバランスは生まれないからです。そして、その次はこのアンバランスを物質を構成するクォークと反物質を構成する反クォークのアンバランスにつなげる仕組みです。

このころの宇宙は、さきほどの話に出てきた「大統一理論」が成り立つような超高エネルギーの宇宙です。そして、誕生から間もない高温の初期宇宙では、現在は働いていないニュートリノとクォークの間を取り持つような仕組みが働いたために、ニュートリノのアンバランスがクォークのアンバランスにも影響を与え、宇宙の物質と反物質のアンバランスにつながり、物質ばかりの宇宙ができた。

とてもおおざっぱですが（柳田さんと福来さんには怒られるかもしれませんが）、これが（私が理解した）レプトジェネシスのイメージです。

ここでもう一度、元に戻って考えてみます。

ニュートリノに質量がある　↓　振り返って見られるのに右巻きニュートリノが見えない　↓　ニュートリノが「粒子＝反粒子」のマヨラナ粒子である可能性が出てきた　↓　シーソー機構が成り立つ？　↓　宇宙誕生のころに超重い右巻きニュートリノがたくさんあった？　↓　これが崩壊する時にCP対称性が破れてニュートリノと反ニュートリノのアンバランスが生まれた？　↓　このアンバランスがクォークと反クォークのアンバランスを生んだ？　↓　クォークでできた物質だけが生き残ったのではないか――。

もちろん、あまりにややこしい話なので、専門家の方々からみれば穴だらけだと思いますが、なんとなくイメージが伝わるという程度で、ここはご勘弁を。

それに、この考えが本当に正しいかどうかは、実験で証明しなくてはなりません。自然の法則は、まったく違っている可能性だってあるのです。

★二重ベータ崩壊

では、ニュートリノはディラック粒子なのか、マヨラナ粒子なのか。これを実際に確かめる方法はあるのでしょうか。

どうやら、それは「二重ベータ崩壊」と呼ばれる実験のようです。

ベータ崩壊というのは、これまでもお話ししてきたように、原子核中の中性子が電子と反ニュートリノを放出して陽子に変わる現象です。この時、原子核の中の陽子が1つ増えるので、原子番号が1つ大きくなります。

二重ベータ崩壊とは、放射性物質のベータ崩壊が2回同時に起こり、原子番号が2つ大きい原子核に変わる現象です。

ベータ崩壊が2回起きれば、普通なら電子が2つ、反ニュートリノが2つ放出されるということになります。でも、ニュートリノがマヨラナ粒子だったらどうでしょうか。2個の反ニュートリノが出る代わりに、片方のベータ崩壊で生じた反ニュートリノがもう片方のベータ崩壊でニュートリノとして吸収されると考えるのです。

その結果、ニュートリノはひとつも放出されず、電子だけが2つ放出され、原子核は原子番号が2つ大きくなります。

このようなニュートリノを放出しない二重ベータ崩壊は、無理に起こすことはできません。ひたすら、根気よく待って、起きた時に検出する必要があります。

そんな気の長い実験に取り組んでいるチームが世界各地にあります。

日本には「カムランド禅」のチームがあります。第2章の太陽ニュートリノの謎解きに登場した「カムランド」を思い出してください。カミオカンデの跡地に液体シンチレーターという油のような物質を使った検出器を据えたユニークな実験でした。

カムランドは太陽ニュートリノや地球ニュートリノの検出で成果を上げた後、液体シンチレーターにキセノンという物質の同位体を大量に入れ、二重ベータ崩壊の観測をめざす「カムランド禅」として実験を続けています。

大阪大学はカルシウムの同位体を液体シンチレーターに入れて、この二重ベータ崩壊を観測しようとしています。ハイデルベルグ大学とモスクワ大学のグループはゲルマニウムの同位体を使っています。

二重ベータ崩壊は、ニュートリノのもうひとつの残された謎、質量の絶対値を求めることができる可能性があります。ただし、3種類のうち電子ニュートリノだけです。実は、ニュートリノの質量そのものを観測で求めるのはとても大変で、簡単にはいかないようです。

★ハイパーカミオカンデ

では、ニュートリノのCP対称性の破れは、どうやったら調べられるのでしょうか。

これに挑戦しようとしている実験計画のひとつが「ハイパーカミオカンデ」です。その名の通りスーパーカミオカンデの後継機ですが、まだ、構想段階で、予算が付いているわけではありません。

計画では、地下のタンクにスーパーカミオカンデの20倍にあたる100万トンの水を入れ、超高感度光センサーを9万9000本取り付けます。

ここに、茨城県東海村のJ-PARCからミューニュートリノビームと反ミューニュートリノビームを打ち込み、それぞれのニュートリノ振動に差があるかどうかを調べるのです。T2K実験の拡大版といったところでしょうか。もし、ニュートリノ振動と反ニュートリノ振動の間に違いが見つかれば、ニュートリノにおけるCP対称性の破れを確かめることができます。

実は、スーパーカミオカンデを使ったT2K実験でも、ミュー型の振動だけでなく、反ミュー型のニュートリノが飛行中に反電子型のニュートリノに変身する反ニュートリノ振動が観測されています。さらにデータを増やしていくことで、ニュートリノのCP対称性の破れの手がかりが見えてくるかもしれません。

さらにハイパーカミオカンデがめざすのは陽子崩壊の観測です。スーパーカミオカンデでは観測されていませんが、水の体積を増やすことで観測できるかもしれません。そうなれば大統一理論が検証され、宇宙誕生直後の法則がわかると期待されます。

★超対称性粒子

ここまで、物質ばかりの宇宙を作るのにニュートリノが鍵《かぎ》を握っていたのではないか、という仮定でお話をしてきました。

でも、もしかしたら、物質ばかりの宇宙ができたのは、ニュートリノのおかげではないかもしれません。

浅井さんによれば、もうひとつの可能性として考えられるのが超対称性粒子（ＳＵＳＹ《スージー》）です。

ＳＵＳＹといえば、そう、２０１２年にあのヒッグス粒子がジュネーブのＣＥＲＮの加速器で発見された時に、「次は、ＳＵＳＹの発見だ！」といわれた未発見の素粒子です。

超対称性粒子は、超対称性理論と呼ばれる次世代の理論が予言する素粒子で、標準理論を構成する17種類の素粒子とそれぞれペアを組んでいます。標準理論の素粒子に比べると、重さが重い「相棒」です。暗黒物質の候補でもあります。

マヨラナ粒子も標準理論を超える粒子ですが、この超対称性粒子も標準理論を超える理論の担い手として、発見が非常に期待されている粒子です。

「物質だけの宇宙」を生み出したのは、ニュートリノなのか、ＳＵＳＹなのか。こうなると、もう賭の世界です。

浅井さんはもともと、ＣＥＲＮの加速器ＬＨＣでヒッグス粒子を見つけたチームの一員ですから、当然、ＳＵＳＹに賭けています。ヒッグス粒子を発見してから一休みしてメンテナンスしていたＬＨＣは、さらにパワーアップして２０１５年春から加速器実験を再開し、このＳＵＳＹがあるかどうかを確かめようとしています。

どちらに軍配が上がるのか。

もしかしたら、どちらでもなく、別の「正解」があるのか。

いずれにしても、これからが楽しみです。

エピローグに代えて

「ニュートリノさん、ごめんなさい」。本書を書いている間、こんな言葉が何度も頭をかすめました。

白状すると、書き始める前は、ニュートリノはシンプルな素粒子だと思っていたのです。ヒッグス粒子と宇宙の成り立ちについて書いた前作『宇宙はこう考えられている』に比べても、話はわかりやすいと思っていました。

とても軽くて、あらゆるものをすり抜ける。超新星からも、太陽や大気からも飛んでくる。3種類あって飛んでいる間に変身する。以前は暗黒物質の候補のひとつだったけれど、それには軽すぎる。

それぐらいわかっていれば、どうにかなる、と思っていたのですが、大間違い。

ニュートリノは、知れば知るほど、奥の深い素粒子でした。奇妙な素粒子といってもいいでしょう。「そんな簡単にわからないよ」とニュートリノに言われているようで、思わず「甘く見て、ごめんなさい」という気になったのです。

そもそも、ニュートリノが3種類の間で変身する「振動」現象を理解するのに、量子力学が必要だという点からして難問です。さらに、弱い力しか働かないとか、左巻きしかないとか。「宇宙に反物質が見当たらず、物質ばかりでできているのはなぜか」とニュートリノの関係は、あまりに複雑で、途中で放り出そうと思ったくらいです。

それでも、えーいとばかりに（間違いを恐れず）書いてみたのは、解けないパズルのような話の中に、わくわくするような、おもしろい話が潜んでいるように感じられたからです。

ニュートリノにしても、ヒッグス粒子にしても、「これで問題解決」と思ったとたんに、次の新しい謎が目の前に立ちはだかり、「さあどうだ」とばかりに自然が挑戦状を突きつけてくる。だから科学者は研究をやめられないのでしょう。

それに、太陽ニュートリノの謎に挑んだデイビスとバーコールも、大気ニュートリノの謎に挑んだ梶田《かじた》隆章《たかあき》さんも、周囲からは長い間「本当？」と思われていたのに、自分を信じて進んでいった結果、自然がほほえんでくれたのです。そんな話を知ると、本当に「うらやましい。科学者っていいな」という気になります。

もうひとつ、本書を書いていて感じたのは、重要な発見の裏側にある偶然のおもしろさです。

梶田さんは「自然現象が観測しやすいようになってくれていたおかげでニュートリノ振動が発見できた」という趣旨のことを語っていました。確かに、ミュー型とタウ型の振動しやすさ（混合角）がこれほど大きくなかったら、発見はもっとむずかしかったでしょう。それに加えて、地球の大きさもニュートリノ振動の観測に見方してくれたのではないでしょうか。

ひとつだけ、物足りない点があるとすれば、この分野に女子が少ないことです。本書を手にしてくれたみなさんの中から、ぜひ、こういう分野に挑戦する女子が（もちろん男子も）でてきてほしいと思います。

本書を出版するにあたり、素粒子物理学が専門の浅井祥仁《しょうじ》さんに全体に目を通していただき、多くの助言をいただきました。ニュートリノが専門の塩澤眞人《まさと》さんには、ニュートリノ振動を中心に第4、5章の一部を見ていただき、助言していただきました。ものわかりの悪い質問にお答えいただき、感謝しています。

さらに、梶田隆章さんをはじめ本書にご登場いただいた方、ご登場いただだかなかった方も含め、多くの専門家の方からお知恵を拝借させていただいたり、文書をご確認いただいたりしました。この場を借りてお礼申し上げます。

もちろん、残されている間違いや思い違いがあれば、すべて筆者の責任です。

最後に、『宇宙はこう考えられている』に続き、科学者の物語を楽しみつつ、「ニュートリノを書くなら今」とおしりをたたいてくれた、ちくまプリマー新書の吉澤麻衣子さん、似ていたり似ていなかったりする似顔絵や図を書いてくれた藤本良平さんにお礼を申し上げます。

2016年1月　震災から5年目を迎える年の初めに

青野由利

［主な参考文献］

本書を書くに当たり、以下の文献やウェブサイトを参考にしました。

この分野を詳しく知りたい人にはノーベル財団が作っているノーベル賞のウェブサイトもお勧めです。歴代の受賞者の業績解説、受賞者の記念講演も（英文ですが）読むことができます。

また、本書に出てきた主な研究の原著論文（たとえば1998年の大気ニュートリノ振動発見の論文）もネット上で読むことができます。

梶田隆章『ニュートリノで探る宇宙と素粒子』平凡社　2015年
小柴昌俊『ニュートリノの夢』岩波ジュニア新書　2010年
小柴昌俊『ニュートリノ天体物理学入門』講談社ブルーバックス　2002年
小林誠『消えた反物質』講談社ブルーバックス　1997年
佐藤勝彦『宇宙137億年の歴史』角川選書　2010年
鈴木厚人『ニュートリノでわかる宇宙・素粒子の謎』集英社新書　2013年
南部陽一郎『クォーク　素粒子物理の最前線』講談社ブルーバックス　1981年
益川敏英『科学者は戦争で何をしたか』集英社新書　2015年
村山斉『宇宙になぜ我々が存在するのか』講談社ブルーバックス　2013年

Kajita, T. *Atmospheric neutrinos and discovery of neutrino oscillations* (Proc. Jpn. Acad., Ser. B 86, 2010)

http://www-sk.icrr.u-tokyo.ac.jp/sk/

http://www.icrr.u-tokyo.ac.jp/commemorative/nobel/index.html

http://www.nobelprize.org/nobel_prizes/physics/laureates/2015/

http://www.nobelprize.org/nobel_prizes/themes/physics/bahcall/index.html

http://www.nobelprize.org/nobel_prizes/themes/physics/fusion/index.html

http://t2k-experiment.org/ja/neutrinos/

ちくまプリマー新書

chikuma primer shinsho

ちくまプリマー新書250

ニュートリノって何《なに》？　続《ぞく》・宇宙《うちゅう》はこう考《かんが》えられている

二〇一六年二月十日　初版第一刷発行

著者　青野由利（あおの・ゆり）

装幀　クラフト・エヴィング商會

発行者　山野浩一

発行所　株式会社筑摩書房
東京都台東区蔵前二-五-三　〒一一一-八七五五
振替〇〇一六〇-八-四一二三

印刷・製本　中央精版印刷株式会社

ISBN978-4-480-68954-2 C0244 Printed in Japan

乱丁・落丁本の場合は、左記宛にご送付下さい。
送料小社負担でお取り替えいたします。
ご注文・お問い合わせも左記へお願いします。
〒三三一-八五〇七　さいたま市北区櫛引町二-六〇四
筑摩書房サービスセンター　電話〇四八-六五一-〇〇五三